技术专家传经送宝丛书

五轴数控加工技术实例解析

主　编　宋力春
副主编　何春保　马兴昭
参　编　邱　波　李　斌　杨晓雪　朱建民

机 械 工 业 出 版 社

本书主要介绍了五轴典型零件的加工和编程。全书共分为九章，主要内容包括光学支架的加工解析、维纳斯雕像的加工解析、大力神杯的加工解析、足球展示件的加工解析、叶盘零件的加工解析、茶壶的加工解析、老寿星像的加工解析、奖杯的加工解析、人体模型的加工解析。书后附有数控技能大赛应试技巧、全国数控技能大赛（2010—2016年）五轴试题、HEID530系统后处理程序。

本书适合有熟练的三轴或四轴数控编程及加工经验，对数控加工工艺知识有所了解，想要学习五轴数控加工编程的读者使用，也可作为大中专院校数控加工相关专业的教材以及数控技能大赛五轴数控编程的指导和培训用书。

图书在版编目（CIP）数据

五轴数控加工技术实例解析/宋力春主编．—北京：机械工业出版社，2018.6

（技术专家传经送宝丛书）

ISBN 978-7-111-60079-4

Ⅰ.①五…　Ⅱ.①宋…　Ⅲ.①数控机床—加工　Ⅳ.①TG659

中国版本图书馆CIP数据核字（2018）第116659号

机械工业出版社（北京市百万庄大街22号　邮政编码100037）
策划编辑：王晓洁　责任编辑：王晓洁
责任校对：王明欣　封面设计：马精明
责任印制：常天培
北京圣夫亚美印刷有限公司印刷
2018年7月第1版第1次印刷
169mm×239mm・10.25印张・4插页・198千字
0001—3000册
标准书号：ISBN 978-7-111-60079-4
定价：45.00元

凡购本书，如有缺页、倒页、脱页，由本社发行部调换

电话服务　网络服务
服务咨询热线：010-88361066　机工官网：www.cmpbook.com
读者购书热线：010-68326294　机工官博：weibo.com/cmp1952
010-88379203　金书网：www.golden-book.com

教育服务网：www.cmpedu.com

前 言

FOREWORD

多轴加工在我国逐渐普及，无论是中华人民共和国教育部、中华人民共和国人力资源和社会保障部，还是有高端冷加工制造技术需求的航空、航天、兵器企业以及大中专院校，都给予了高度重视。

掌握一定的五轴数控程序编制方法及合理的加工工艺，往往能成倍地提高零件切削效率，降低加工时间。虽然目前市场上有关数控加工的书很多，但是大多是学校老师写的理论性教材，针对多轴加工的图书很少，而真正针对数控加工实际问题且容易读懂的图书就更少了。

本书通过多个典型案例讲解了多轴数控加工技术，重点介绍了使用CAM软件进行多轴数控编程的方法，以图文并茂、通俗易懂的语言说明了每个零件的加工方法，并结合实际生产中的工艺要求解释了每个参数设定的原因。每个案例都分为图样技术要求及毛坯、图样分析、工艺分析、加工工艺卡片、编写加工程序步骤、加工过程及技术点评等部分进行介绍，使读者能更透彻地理解每个案例的加工方法。

本书适合具有熟练的三轴或四轴数控编程及加工经验，对数控加工工艺知识有所了解，想要学习五轴数控加工编程的读者使用。本书对数控技能大赛五轴数控编程选手也有一定的指导作用。

本书由北京市工贸技师学院的宋力春老师主编，另外参与本书编写的专家还有：宁夏工业学校的何春保老师、广东省城市建设高级技工学校的马兴昭老师、浙江省湖州市长兴技师学院的邱波老师、北京市自动化工程学校的李斌老师、北京工业职业技术学院的杨晓雪教授、北京天极力达技术开发有限责任公司的朱建民老师。本书的教学资料及模型除编者搜集和制作以外，很多来自数控专家的精心制作，在此表示衷心的感谢。

复杂多轴联动数控程序的编制是各式各样的，没有统一的方法，因人而异、因编程软件而异、因机床而异。本书中综合实例的刀具路径的编制方法不是唯一的，这里是抛砖引玉，读者可以有自己的思路和刀具路径生成方法。

由于编写时间仓促，本书不足之处在所难免，恳请广大读者提出宝贵意见和建议。

编　者

目　　录

CONTENTS

第1章 光学支架的加工解析

一、图样技术要求及毛坯

光学支架 2D 示意图如图 1-1 所示，光学支架 3D 图如图 1-2 所示。

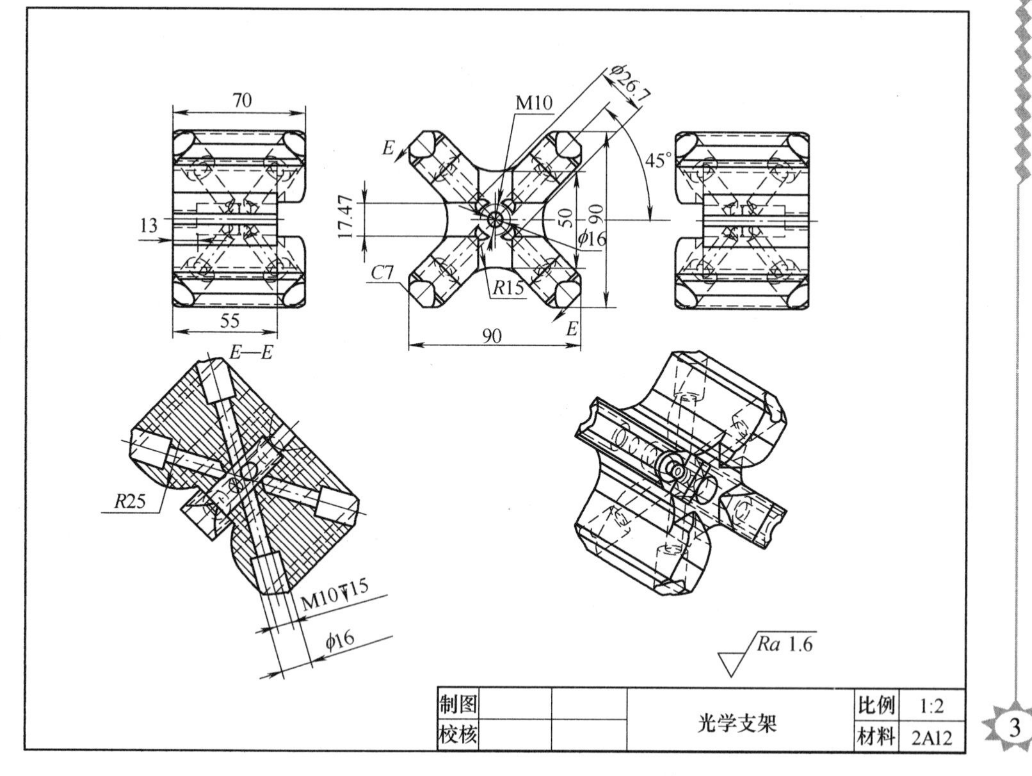

图 1-1　光学支架 2D 示意图

光学支架的毛坯采用 90mm×90mm×70mm 的 2A12 铝合金，在三轴联动数控机床上加工出外形，工件外形表面粗糙度值为 *Ra*1. 6μm。

二、图样分析

在使用上要求光学支架具有整体性好、刚性稳定、安装方便、使用便捷的特点。通过图样分析，该零件的外形显然在三轴联动数控机床上就可以加工。但为了保证所有孔的几何公差和尺寸精度，将所有孔安排在五轴数控机床上加工。

三、工艺分析

该零件要求体轻，几何公差精度要求较高，所以设计时要求在保证使用要求的基础上，尽量去除余量。为了保证钻孔时的加工精度，铣削外形时必须保证工件具有较高的平行度、垂直度和尺寸精度。本工件中心有 M10▼15、ϕ16mm 孔作为支承作用，八个角有 M10↧15、ϕ16mm孔与中心孔侧通，3D 斜孔在五轴上加工效果最好。通过对此零件的分析，确定采用两次装夹、基准统一的加工方法。

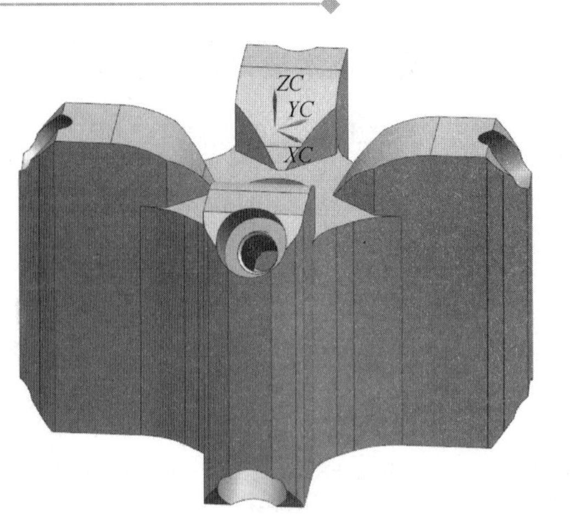

图 1-2　光学支架 3D 图

（一）确定定位基准

工件坐标系选择在工件的中心顶部，即将 *X*、*Y* 选择在工件的中心，将 *Z* 选择在工件的上端面。

（二）加工难点

1）CAM 软件的孔加工编程。

2）侧通孔的加工方法。

3）保证两次装夹基准统一。

（三）刀具干涉检查

定义刀具时，设计好安装的刀柄形状。通过仿真检查刀具是否干涉。

（四）重点编程功能

1）孔特征的设置。

2）刀具路径裁剪。

3）孔加工编程。

4）模拟仿真。

（五）工艺方案

通过 3D 模型的分析，在工艺分析的基础上，从实际出发，制订工艺方案。通过工件的几何形状分析，加工顺序如下。

第一道工序：用中心钻钻中心孔。

第二道工序：用 ϕ6mm 麻花钻粗加工钻孔。

第三道工序：用 ϕ8.5mm 麻花钻钻螺纹底孔。

第四道工序：用 ϕ16mm 锪钻加工 ϕ16mm 台阶孔。

第五道工序：用 ϕ14mm 钻头加工 M10 螺纹孔口倒角。

第六道工序：用 M10 丝锥加工 M10↧15 螺纹孔。

（六）确定程序设计思路

第一道工序：用中心钻钻孔，确定孔加工位置，引导孔的加工方向。

第二道工序：用 ϕ6mm 麻花钻粗加工钻孔，钻到与中心孔相交。

第三道工序：用 ϕ8.5mm 麻花钻钻 M10 螺纹底孔，钻到与中心孔相交。

第四道工序：用 ϕ16mm 锪钻，加工 ϕ16mm 台阶孔。

第五道工序：用 ϕ14mm 钻头加工 M10 螺纹孔口倒角。

第六道工序：用 M10 丝锥加工 M10↧15 螺纹孔。

四、加工工艺卡片

序号	工步	刀具名称	规格	主轴转速/(r/min)	进给速度/(mm/min)	循环类型
1	定心	中心钻	ϕ3mm	1500	100	单次啄孔
2	粗加工钻孔	麻花钻	ϕ6mm	2000	150	啄钻
3	钻螺纹底孔	麻花钻	ϕ8.5mm	600	150	啄钻
4	锪台阶孔	锪钻	ϕ16mm	300	80	啄钻
5	倒角	麻花钻	ϕ14mm	300	80	单次啄孔
6	攻螺纹	丝锥	M10	100	150	刚性攻丝①

① “攻丝”应为“攻螺纹”，为与软件一致，故仍用“攻丝”。

五、编写加工程序步骤

选用 PowerMill 2017 软件来编程。编程的步骤为：先导入 3D 几何体，建立工件坐标系，选择加工刀具，选择加工方法，再进行加工操作，设定好加工工艺参数，最后生成加工刀具路径。

（一）导入几何体

导入 3D 几何体到编程软件，如图 1-3 所示。

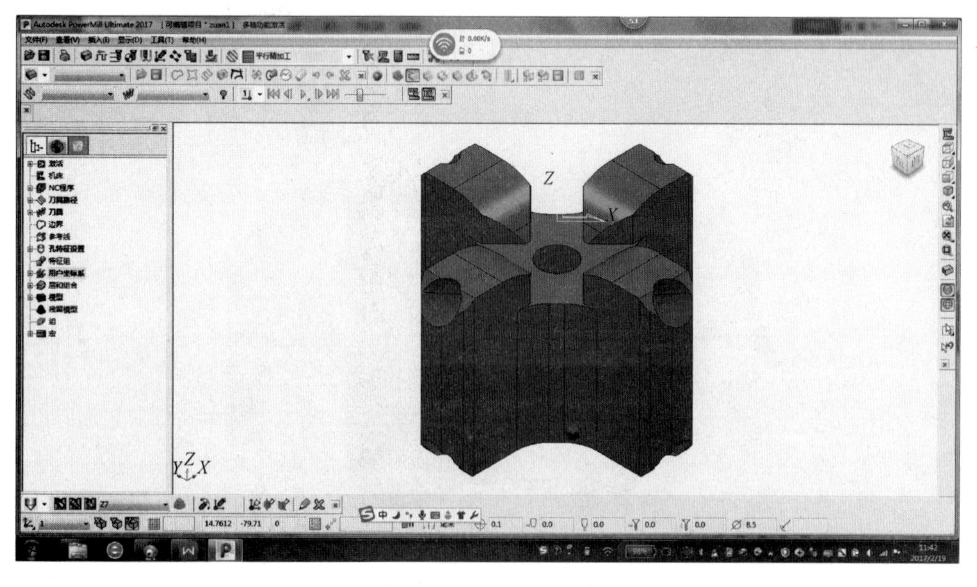

图 1-3　导入 3D 几何体

（二）创建毛坯

建立加工所用毛坯，定义毛坯如图 1-4 所示。

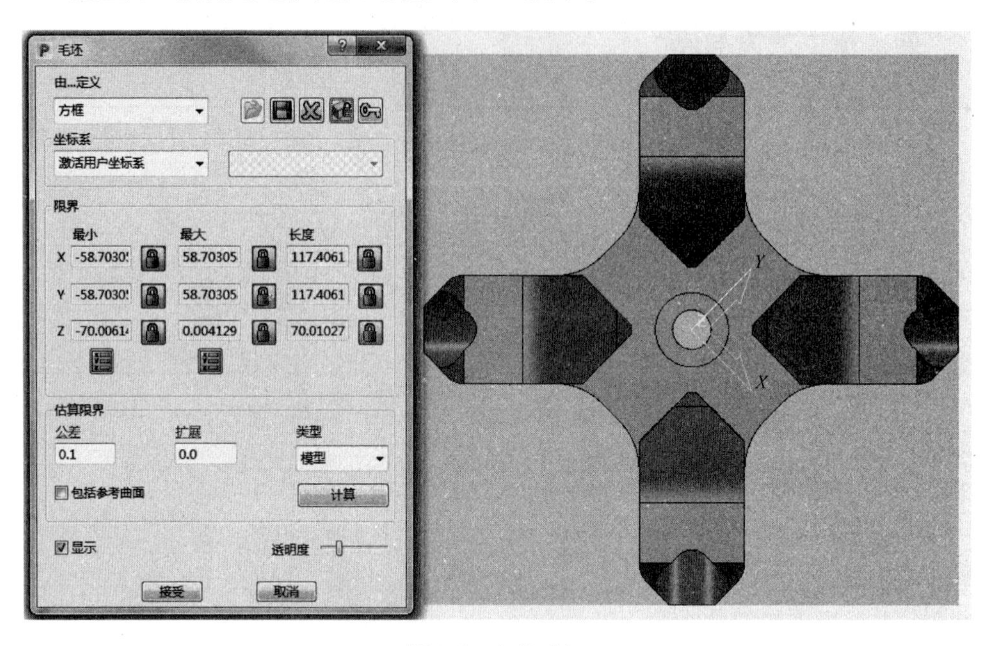

图 1-4　定义毛坯

（三）建立工件坐标系

根据加工方法创建工件坐标系（图 1-5）。

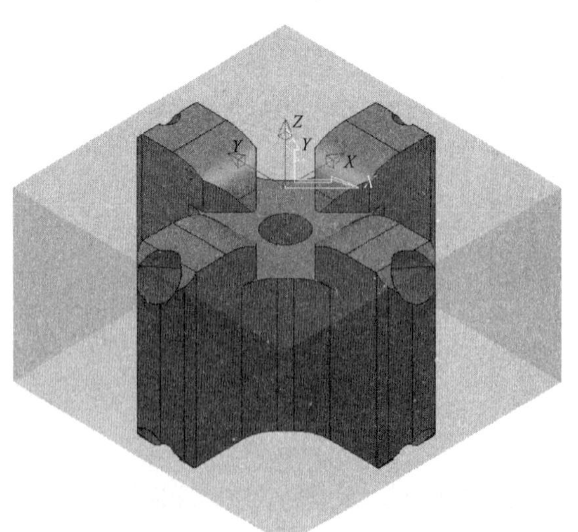

图 1-5　工件坐标系

(四) 创建加工刀具

加工时用到 6 把刀具：1 号刀为 ϕ3mm 中心钻、2 号刀为 ϕ6mm 麻花钻、3 号刀为 ϕ8.5mm 麻花钻、4 号刀为 ϕ16mm 锪钻、5 号刀为 ϕ14mm 麻花钻、6 号刀为 M10 丝锥，如图 1-6 所示。

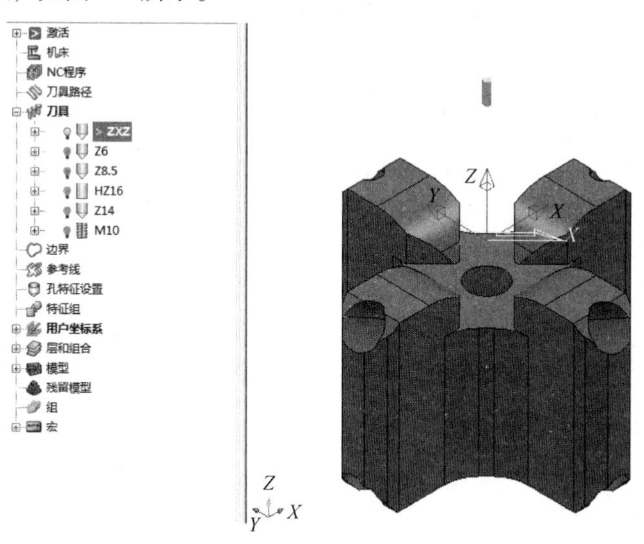

图 1-6　创建加工刀具

(五) 创建加工刀具路径

第一次装夹：

首先鼠标右键单击“孔特征设置”，然后单击“产生孔特征设置”，选中所有模型，右键单击“孔特征 1”，单击“产生孔”，弹出“产生孔”对话框，如图 1-7 所示。按照图 1-7 所示选取选项，单击“应用”，单击“关闭”产生的孔特征，单击“普通阴影”隐藏实体模型，如图 1-8 所示。编辑孔特征，通过“上移”“下移”按钮使显示的孔特征与实体模型相符，编辑完成的孔特征如图 1-9 所示。

第一道工序：中心钻钻孔。单击策略选取器钻孔方式中的“钻孔”，弹出“钻孔”对话框，定义刀具路径名称为 ZXZ，选取“孔特征 1”，选取“用户坐标系”为“1”，“刀具”选取“中心钻”，钻孔深度定义为 3mm，定义主轴转速为 1500r/min，进给速度为 100mm/min，切削速度为 100mm/min，单击“计算”生成刀具路径，如图 1-10 所示。

第二道工序：用 ϕ6mm 麻花钻粗加工孔。单击策略选取器钻孔方式中的“钻孔”，弹出“钻孔”对话框，定义刀具路径名称为 Z6，选取“孔特征 1”，选取“用户坐标系”为“1”，“刀具”选取“ϕ6mm 麻花钻”，在钻孔循环类型里选取

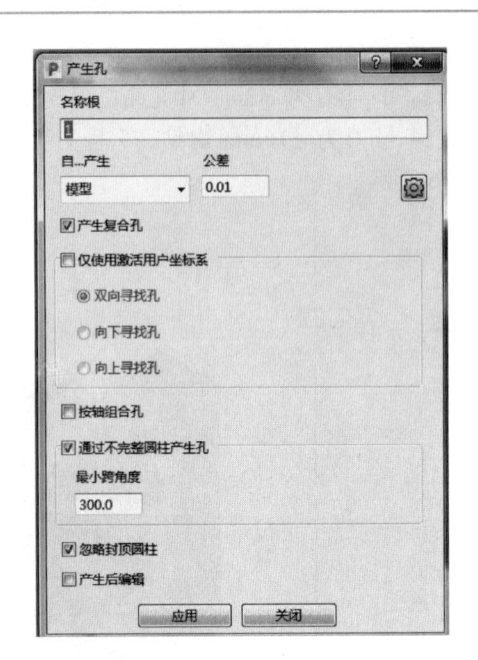

图 1-7 “产生孔”对话框

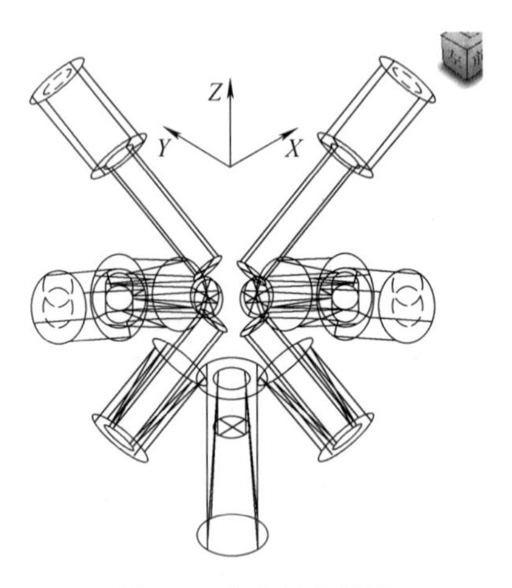

图 1-8 产生的孔特征

“深钻”，操作选项里选取“钻到孔深”，啄孔深度定义为 2mm，定义主轴转速为 2000r/min，进给速度为 150mm/min，切削速度为 100mm/min，单击“计算”生成刀具路径。

第三道工序：用 ϕ8.5mm 麻花钻钻螺纹底孔。单击策略选取器钻孔方式中的“钻孔”，弹出“钻孔”对话框，定义刀具路径名称为 Z8.5，选取“孔特征 1”，选取“用户坐标系”为“1”，“刀具”选取“ϕ8.5mm 麻花钻”，在钻孔循环类型里选取“深钻”，操作选项里选取“钻到孔深”，啄孔深度定义为 2mm，定义主轴转速为 600r/min，进给速度为 150mm/min，速度为 100mm/min，单击“计算”生成刀具路径。

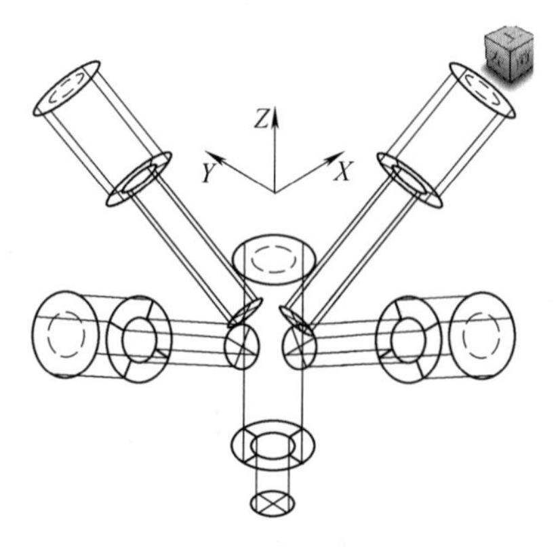

图 1-9　编辑完成的孔特征

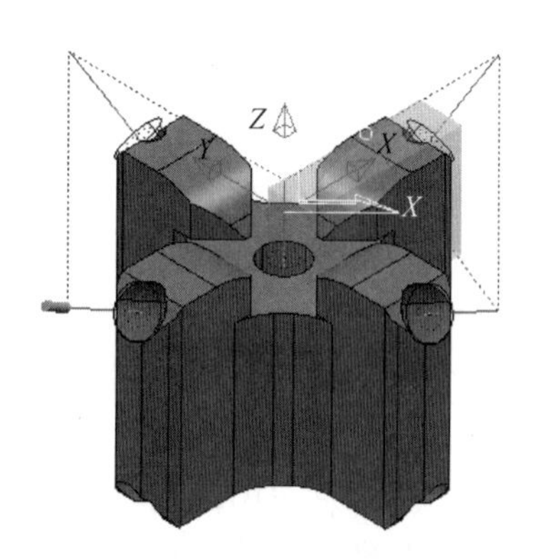

图 1-10　钻孔刀具路径

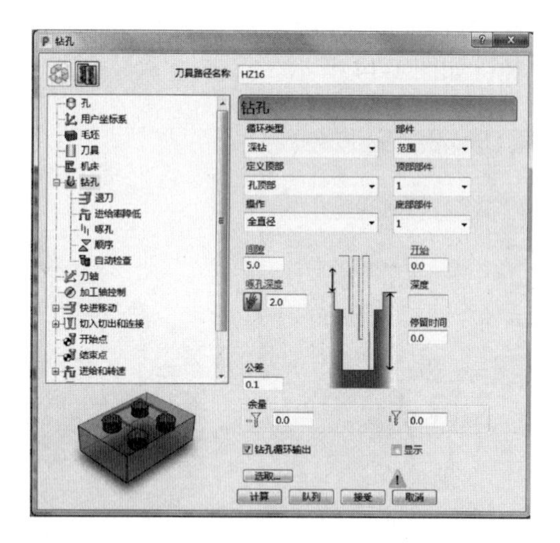

图 1-11　锪台阶孔参数

第四道工序：用 ϕ16mm 锪钻，加工 ϕ16mm 台阶孔。单击策略选取器钻孔方式中的“钻孔”，弹出“钻孔”对话框，定义刀具路径名称为 HZ16，选取“孔特征 1”，选取“用户坐标系”为“1”，“刀具”选取“ϕ16mm 锪钻”，在钻孔循环类型里选取如图 1-11 所示参数，定义主轴转速为 300r/min，进给速度为 80mm/min，切削速度为 100mm/min，单击“计算”生成刀具路径，如图 1-12 所示。

第五道工序：用 ϕ14mm 麻花钻加工 M10 螺纹孔口倒角。单击策略选取器钻

孔方式中的“钻孔”，弹出“钻孔”对话框，定义刀具路径名称为 Z14，选取“孔特征 1”，选取“用户坐标系”为“1”，刀具选取“ϕ14mm 90°麻花钻”，定义主轴转速为 300r/min，进给速度为 80mm/min，切削速度为 100mm/min，单击“计算”生成刀具路径。（注：在加工时，刀具长度偏置 -0. 5mm，孔口倒角 C0. 5）

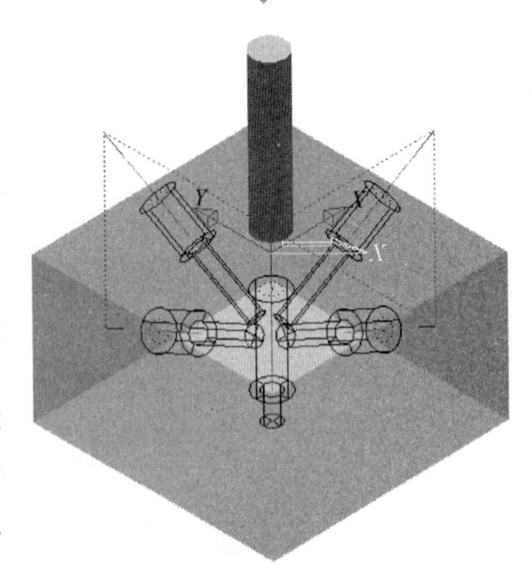

图 1-12　锪台阶孔生成的刀具路径

第六道工序：用 M10 丝锥加工 M10↧15 螺纹孔。单击策略选取器钻孔方式中的“刚性攻丝”，弹出“钻孔”对话框，定义刀具路径名称为 M10，选取“孔特征 1”，选取“用户坐标系”为“1”，刀具选取“M10 丝锥”，在钻孔循环类型里选取如图 1-13 所示参数，定义主轴转速为 100r/min，进给速度为 150mm/min，切削速度为 100mm/min，单击“计算”生成刀具路径，刀具路径，如图 1-14 所示。

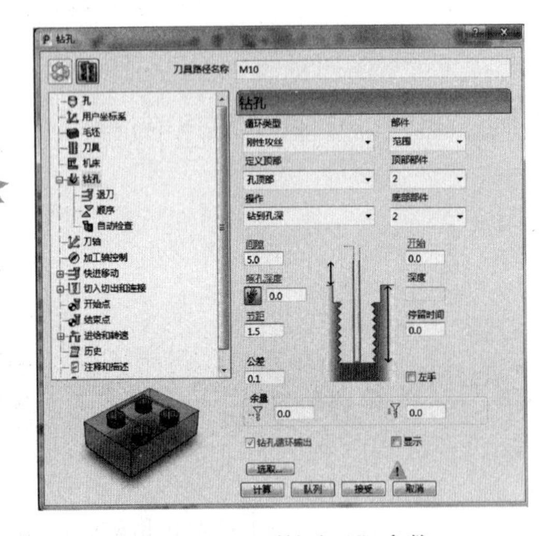

图 1-13　“刚性攻丝”参数

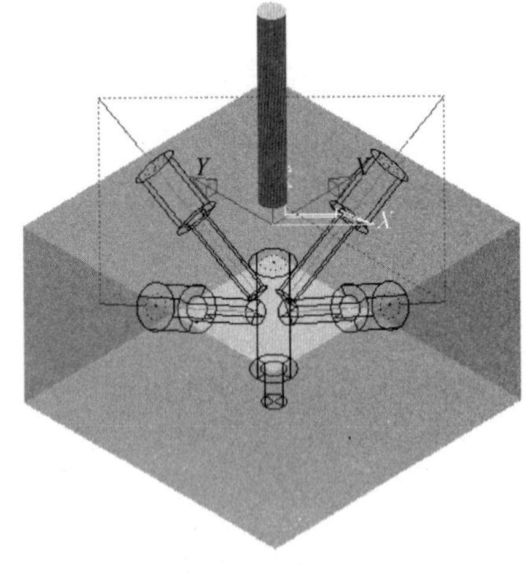

图 1-14　“刚性攻丝”生成的刀具路径

第二次装夹：

加工程序沿用第一次程序，只是删除第一次程序加工中心孔的刀具路径。

（六）刀具路径仿真

用鼠标右键依次选取刀具路径的程序文件单击右键，选取“自动开始仿真”，打开 ViewMill，单击“彩虹阴影图像”，然后单击“运行到末端”按钮，开始仿真刀具路径，仿真结果如图 1-15 所示。第二次仿真结果略。

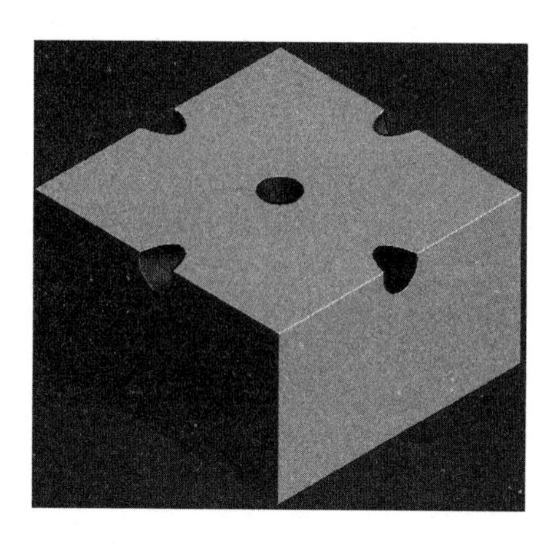

图 1-15　刀具路径仿真示意图

（七）后置处理

用鼠标右键单击数控程序，选取“参数选择”按钮，弹出“NC 参数选择”对话框（图 1-16），定义输出文件夹路径，输出文件夹扩展名称，选取“机床选项文件”为后处理文件，选取“输出用户坐标系”，单击“关闭”。

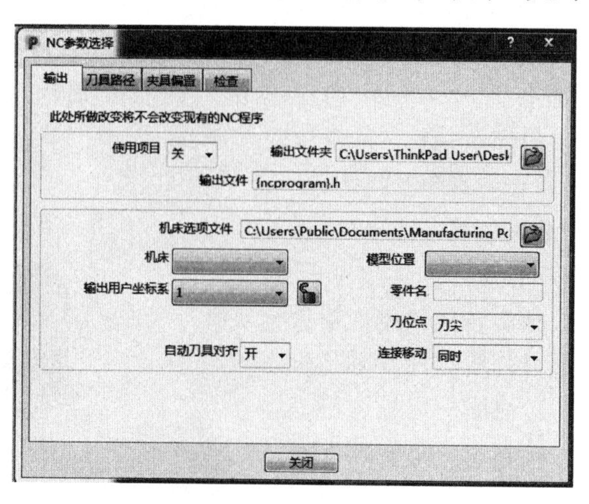

图 1-16　“NC 参数选择”对话框

后置处理参数设定好后，右键单击“刀具路径”，选取“产生独立的数控程序”，在数控程序里产生了 6 条程序文件，右键单击数控程序，选取“全部写入”，开始进行后处理，生成数控代码，如图 1-17 所示。后置处理成功后，数控程序在程序文件夹中可以找到。

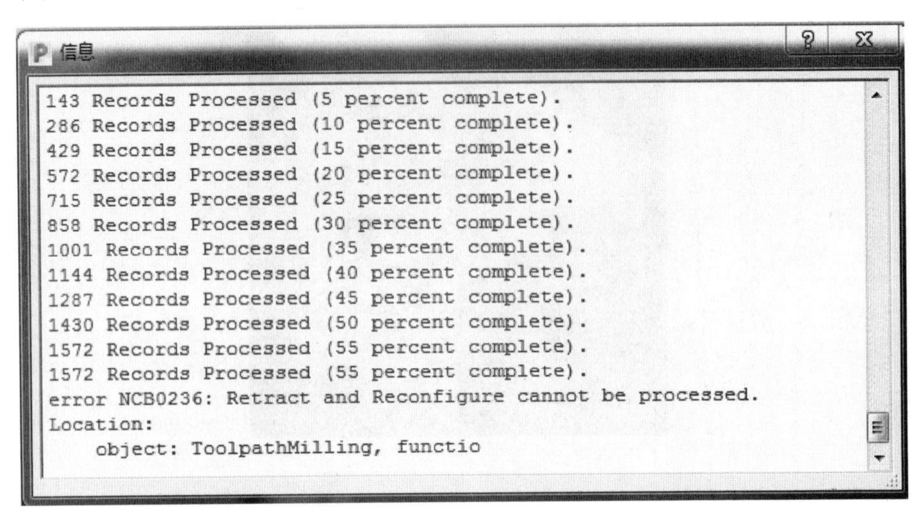

图 1-17　后置处理进行中

六、加工过程

（一）准备工作

备料：毛坯采用 90mm×90mm×70mm 的 2A12 铝合金，并在三轴联动数控机床加工出外形，保证零件的尺寸及几何公差，表面粗糙度值为 $Ra1.6\mu m$。

准备刀具：准备直径 ϕ3mm 的中心钻，直径分别为 ϕ6mm、ϕ8.5mm、ϕ14mm 的麻花钻，ϕ16mm 锪钻，M10 丝锥。

其他工具：准备指示表和磁性表座。

（二）找正和装夹工件

将精密机用虎钳锁紧在回转工作台上，用打标的方法将 C 轴旋转使机用虎钳固定钳口与机床 X 向平行，然后将 C 轴坐标系输入到工件坐标系。使用一对精密垫铁将工件装夹在回转工作台上。工件装夹方向示意图如图 1-18 所示，这样装夹能够提高工件的装夹刚度。如果将工件旋转 45°装夹，因工件形状原因，夹紧时会引起夹紧变形。夹紧后用木锤砸平，保证上、下两个面的平行度。第二次装夹时，以第一次装夹贴固定钳口的面继续贴在固定钳口，

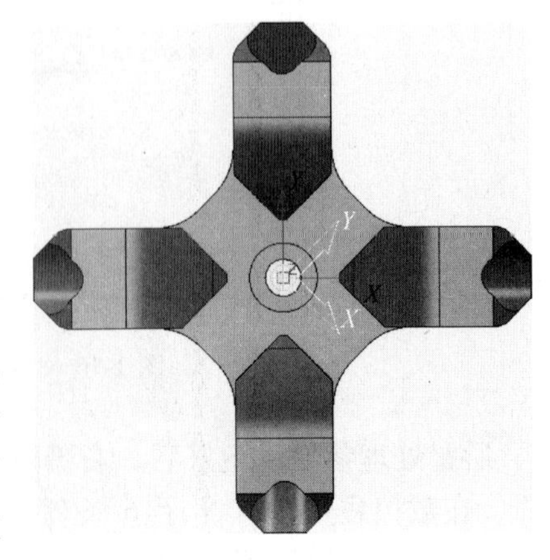

图 1-18　工件装夹方向示意图

第一次装夹时将工件中心台阶孔完成，第二次装夹时以 ϕ8.5mm 孔作为 X、Y 中心，上表面为 Z0，做到两次装夹基准统一。装夹时务必保证工件的上表面与回转工作台平行。

（三）确定工件坐标系和对刀

本工件加工原点为工件中心，即 X 轴、Y 轴 0 点，Z0 位置在工件的上表面。利用机床雷尼绍测头将工件坐标系 X0、Y0、Z0 输入到机床坐标系中。五轴数控机床的对刀是将每把刀具装在机床刀库里，然后在工件的 Z0 表面上对好刀长，最后输入到刀具表的刀具长度参数地址。

（四）加工

加工是由机床按照编制好的加工程序自动执行，同普通加工中心的加工没有区别，只需要按顺序更换刀具和调用程序，再执行程序即可。

加工过程中，可根据加工的实际情况，适当调整加工时主轴转速和进给速度的倍率。

七、技术点评

1）在加工外形时务必保证光学支架六个面的垂直度、平行度及尺寸精度。否则误差太大时，影响下一道工序的定位与加工。加工时避免出现磕碰划伤等现象，影响工件的美观程度。

2）本工件是侧通孔的加工，加工时务必采取相应的工艺措施，来保证孔加工的几何精度。钻孔时因钻头的刚性不足和受力不均，故钻头不能校正孔的加工位置及形状。

知识拓展

提高相贯孔和侧通孔的工艺措施有：

①填埋法。

②精镗法。

③先加工大孔，后加工小孔。

④多次加工校正孔的精度。

3）孔系加工完毕，在侧通孔的相交处会产生毛刺。减小毛刺的方法有两种：第一种是保证刀具在加工时锋利；第二种是采用小加工余量精加工。

4）在圆弧面、斜面上加工孔时，为了刀具的定心，先加工出一个小平面再加工孔，以保证孔的位置精度。

5）零件加工完毕，使用去毛刺器或孔口倒角器、刮削器、刮刀等，在去毛刺过程中严禁划伤工件，去毛刺时倒角务必均匀，勿划伤工件表面。

6）零件加工完毕，采用阳极化处理使零件表面不易被氧化。

第2章 维纳斯雕像的加工解析

一、图样技术要求及毛坯

维纳斯雕像的 3D 图，如图 2-1 所示。

维纳斯雕像的毛坯如图 2-2 所示。该毛坯采用 ϕ43mm×140mm 的 2A12-T4 铝合金。在工件的底面分度圆上加工 4×M8 ↧15 螺纹孔，以保证这 4 个 M8 螺纹孔分度圆与毛坯外圆同轴。毛坯表面粗糙度值为 Ra1. 6μm。

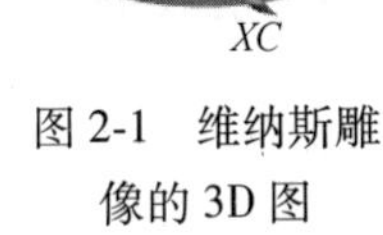

图 2-1　维纳斯雕像的 3D 图

二、图样分析

维纳斯雕像显然是三轴数控联动机床加工所不能完成的，必须在五轴联动数控机床上进行加工。因为维纳斯雕像由若干个片体构成，表面粗糙度直接影响加工零件的美观性，所以表面粗糙度值要求不大于达到 Ra3. 2μm。

三、工艺分析

维纳斯雕像的加工过程可分为四大步：粗加工、初加工、半精加工和精加工。

（一）确定定位基准

工件坐标系选择在维纳斯雕像的顶部中心，即 X、Y 选择在工件的回转中心、Z 在毛坯上端面。

图 2-2　维纳斯雕像的毛坯

（二）加工难点

1）CAM 软件的编程。

2）维纳斯雕像属于细长类工件，顶部加工时刚性较差，容易引起振动，故要减小表面粗糙度必须减少加工时的振动。

3）选用合理的加工工艺来提高工件的表面粗糙度。

（三）刀具干涉检查

定义刀具时，设计好安装的刀柄形状。通过仿真检查刀具是否干涉。

（四）重点编程功能

1）模型区域清除。

2）刀具路径裁剪。

3）直线投影精加工。

4）模拟仿真。

（五）工艺方案

通过3D模型的分析，在工艺分析的基础上，从实际出发制订工艺方案。通过工件的几何形状分析，通过五道工序完成工件的全部加工内容。加工顺序为：

第一道工序：将工件沿 X 轴倾斜+90°，开启粗加工，深度大于最大侧素线2mm。

第二道工序：将工件沿 X 轴倾斜-90°，开启粗加工，深度大于最大侧素线2mm。

第三道工序：初加工，取消粗加工，去除加工余量，为半精加工做准备。

第四道工序：半精加工，为精加工留有0.2mm余量，保证精加工的加工余量均匀。

第五道工序：利用小直径的刀具进行精加工，提高工件表面的质量，切削速度避开机床共振点。

（六）确定程序设计思路

第一道工序：利用模型区域清除方式去除1/2部分余量，采用小切削深度、大进给方式加工。

第二道工序：利用模型区域清除方式去除另外1/2部分余量，也采用小切削深度、大进给方式加工。

第三道工序：利用大直径硬质合金加工铝材的圆柱形球头立铣刀直线投影精加工的方式，去除粗加工剩余的不均匀余量。

第四道工序：利用小于上述直径的加工铝材的圆柱形球头立铣刀直线投影精加工的方式，为精加工提供均匀的余量。

第五道工序：利用小直径的刀具进行精加工，提高工件表面的质量。

四、加工工艺卡片

序号	工步	刀具名称	规格	主轴转速/(r/min)	进给速度/(mm/min)	切削宽度/mm	切削深度/mm	坐标系
1	粗加工	圆角铣刀①	D30R5 (ϕ30mm×20mm×110mm)	3500	2500	20	1	2
2	粗加工	圆角铣刀	D30R5 (ϕ30mm×20mm×110mm)	3500	2500	20	1	3
3	初加工	圆柱形球头立铣刀	D10R5 (ϕ10mm)	7000	3000		1	1
4	半精加工	圆柱形球头立铣刀	D6R3 (ϕ6mm)	8000	4000		0.5	1
5	精加工	圆锥形球头立铣刀	D6R1.5 (ϕ6mm)	12000	5000		0.2	1

① 俗称牛鼻刀。

五、编写加工程序步骤

维纳斯雕像的加工比较复杂，其复杂性主要体现在加工程序的编制上，因此应首先明确利用 CAM 软件生成加工程序的方法，然后再一步一步地实施。

用 PowerMill 2017 软件来编程，因为此软件在多轴编程过程中具有独特的优势。编程的步骤为：先导入 3D 模型、建立工件坐标系、选择加工刀具及加工方法，再进行加工操作，设定好加工参数，最后生成加工刀具路径。

（一）导入几何体

导入维纳斯雕像的几何体到编程软件，如图 2-3 所示。

图 2-3　导入维纳斯雕像的几何体

（二）创建毛坯

建立加工所用毛坯，尺寸为 ϕ43mm×140mm，设定世界坐标系，如图 2-4 所示。

（三）建立工件坐标系

根据加工方法建立工件坐标系：第一次粗加工，建立坐标系“2”；第二次粗加工，建立坐标系“3”；其余 3 个加工方式，建立坐标系“1”（图 2-5）。

（四）创建加工刀具

如图 2-6 所示，加工维纳斯需要用到 4 把刀具：直径 ϕ30mm 的圆角铣刀（D30R5）、直径 ϕ10mm 的圆柱形球头立铣刀（D10R5）、直径 ϕ6mm 的圆柱形球

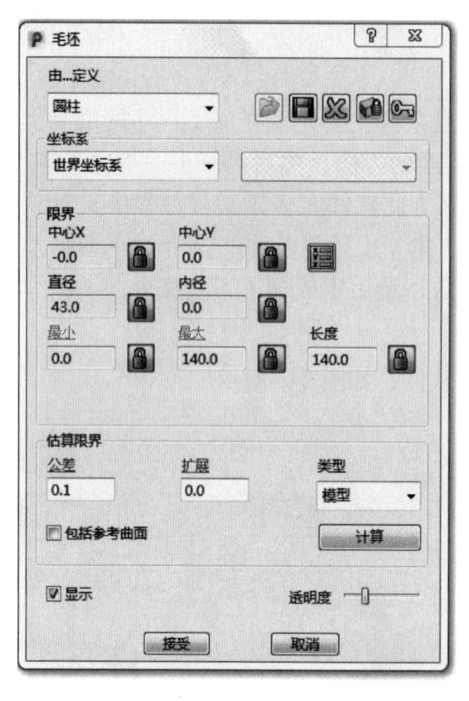

图 2-4 创建毛坯

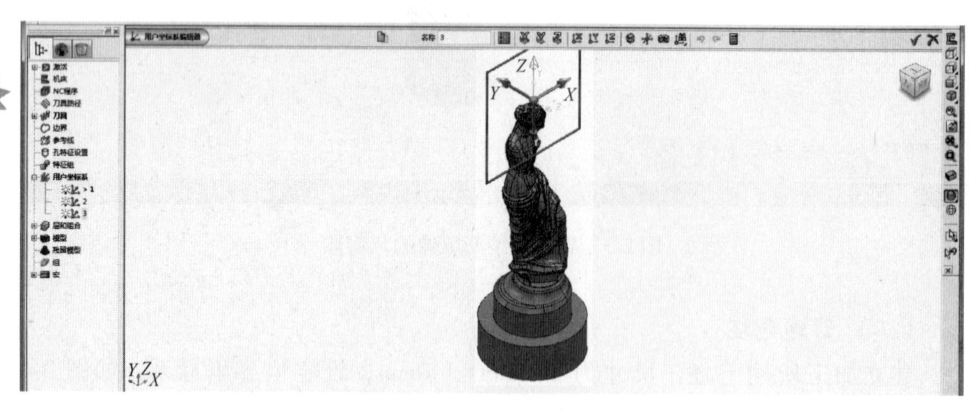

图 2-5 建立工件坐标系

头立铣刀（D6R3）、直径 ϕ3mm 的圆锥形球头立铣刀（D6R1.5）。

（五）创建加工刀具路径

第一道工序：

激活坐标系“2”，激活圆角铣刀（D30R5），选择“模型区域清除”模式，打开“模型区域清除”对话框，设定刀具路径名称为 D30R5-1，如图 2-7 所示。

图 2-6　创建加工刀具

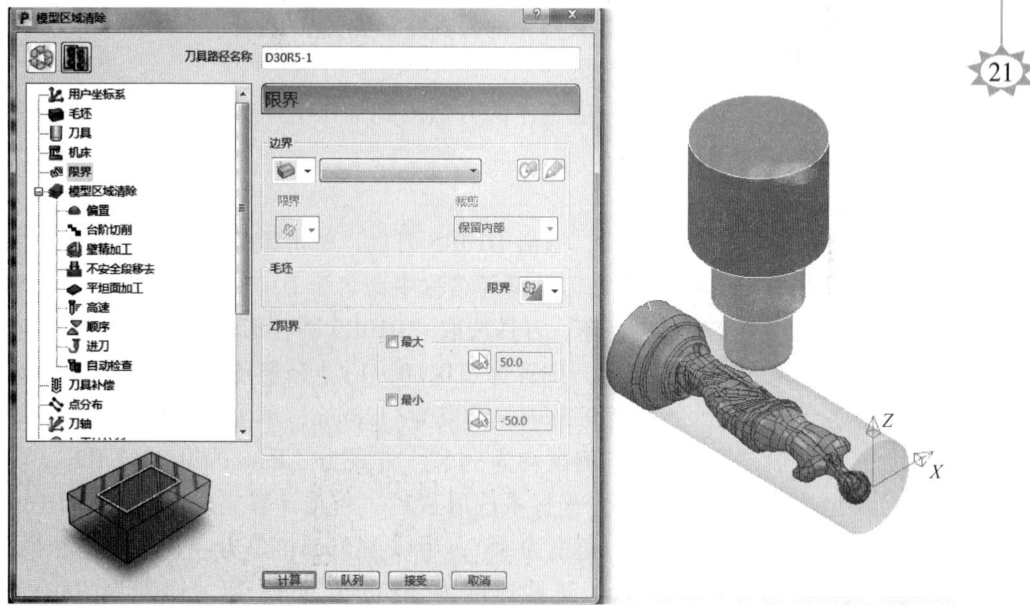

图 2-7　模型区域清除设置

单击对话框中的“用户坐标系”，确认是坐标系“2”。单击对话框中的“毛坯”，确认是世界坐标系定义的毛坯。单击“刀具”，确认是圆角铣刀 D30R5。“机床”和“限界”两项不用设置。单击“模型区域清除”，选取切削方向均为“任意”，余量为 0.5mm，切削宽度为 20mm，切削深度为 1mm，恒定下切步距。单击“快进移动”，选择平面类型，坐标系“2”，单击“计算”来设定快进移动位置。单击“切入切出和连接”的“切入”选项，在第一选择中选取“斜向”，单击下边图标弹出“斜向切入选项”对话框，设定最大左斜角为 2°，高度为 1mm，单击“开始点和结束点”，设定为毛坯中心安全高度。设定主轴转速为 3500r/min，进给速度为 2500mm/min，切削速度为 300mm/min，设定完成后单击“队列”，进入后台运算刀具路径，运算结果如图 2-8 所示。

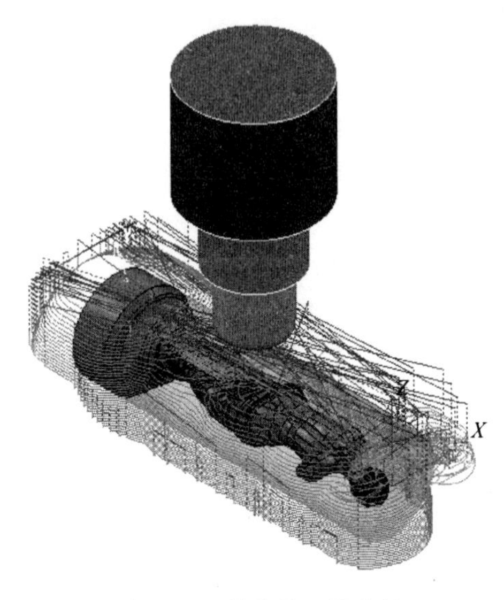

图 2-8　运算完的刀具路径

然后单击右侧“从前查看”图标，利用鼠标框选的模式，裁剪多余的刀具路径，选中后右键单击“编辑”→“删除已选部件”，如图 2-9 所示。裁剪完的刀具路径如图 2-10 所示。

第二道工序：

激活坐标系“3”，用第一道工序的方法得到加工另一部分的加工刀具路径（图 2-11），名称为 D30R5-2。

第三道工序：

在软件中激活坐标系“1”，激活 D10R5 刀具，单击策略选取器中精加工方式里的“直线投影精加工”，在刀具路径名称中命名为 D10R5，检查直线投影精加工策略里的用户坐标系、毛坯；刀具选取“D10R5 圆柱形球头立铣刀”，直线投影参考线选取“螺旋”策略，位置为（0，0，1），余量留 0.5mm，切削深度 1mm。参考线里定义开始高度 0.5mm，结束为-128mm，单击“预览”按钮查看刀具路径。刀轴定义为前倾、侧倾均为-15°，方式为“PowerMill 2012 R2”，快进移动类型选取“平面”，用户坐标系选取“1”，单击计算完成。“切入切出和连接”选项中采用水平圆弧，角度为 45°，半径为 5mm，单击“切入切出相同”按钮。主轴转速为 7000r/min，进给速度为 3000mm/min，切削速度为 300mm/min，设定完成后单击“队列”后台计算刀具路径（图 2-12）。

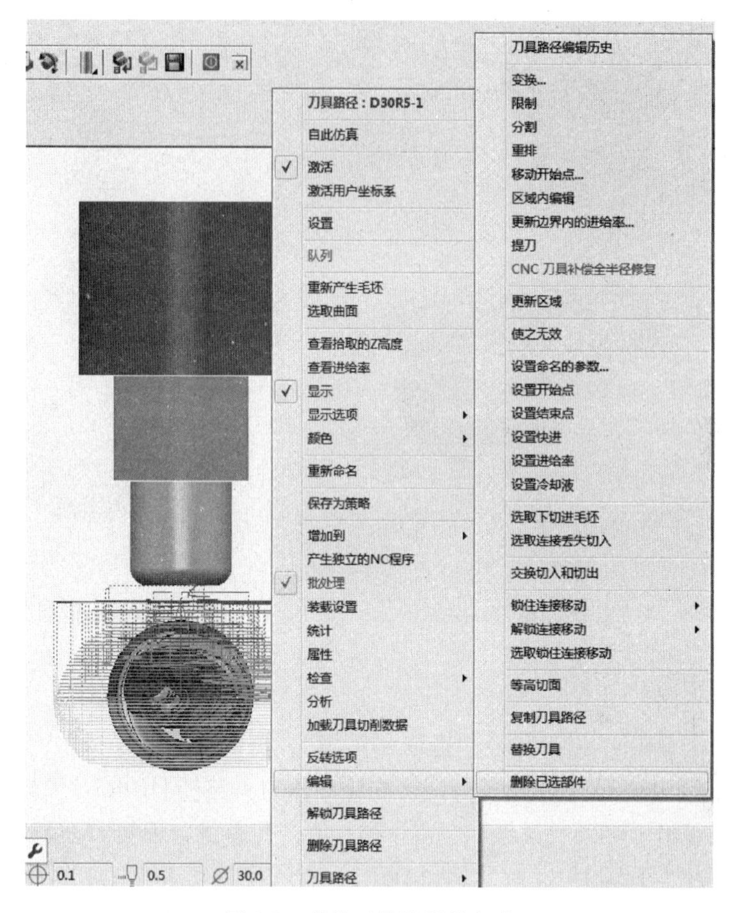

图 2-9　裁剪刀具路径的方法

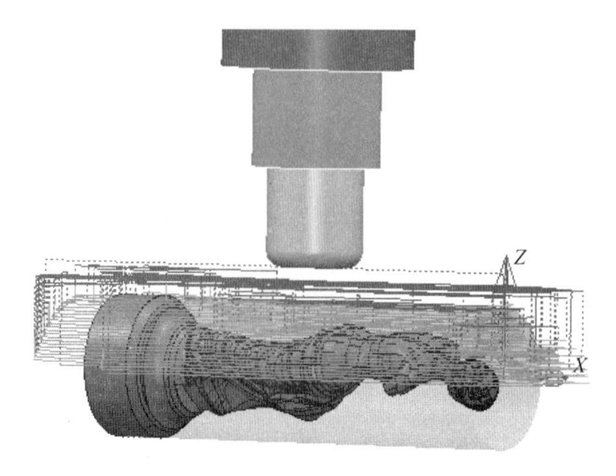

图 2-10　裁剪完的刀具路径

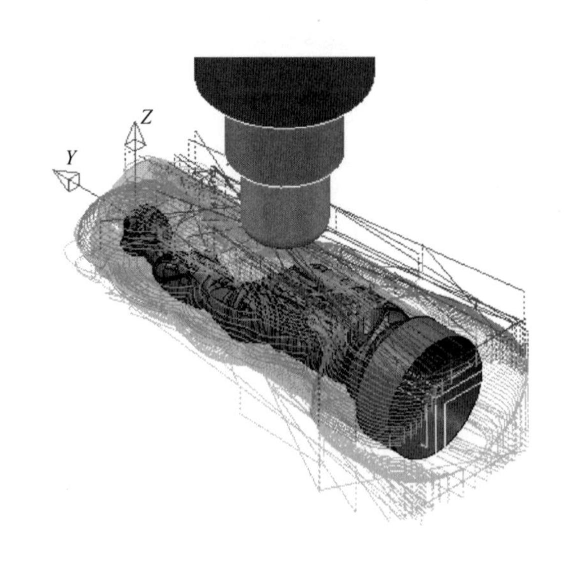

图 2-11　粗加工的完整刀具路径

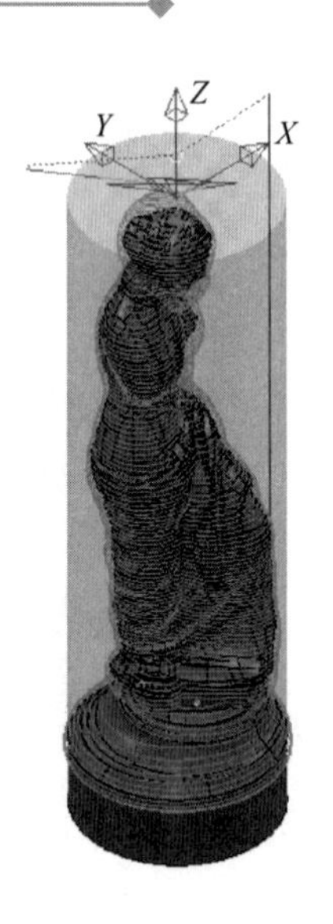

图 2-12　直线投影精加工刀具路径

第四道工序：

右键单击 D10R5 刀具路径，选取“编辑”，复制刀具路径 D10R5-1，如图 2-13 所示。关闭 D10R5 刀具路径灯泡。右键单击刀具路径 D10R5-1“激活”，右键单击刀具路径 D10R5-1“设置”，单击左上角打开表格，编辑刀具路径，将刀具路径名称更改为 D6R3，选取刀具为 D6R3，直线投影参考线选取“螺旋”策略，位置为（0，0，1），余量留 0.3mm，切削深度 0.5mm。定义主轴转速为 8000r/min，进给速度为 4000mm/min，切削速度为 300mm/min，设定完成后单击“队列”后台计算刀具路径。

第五道工序：

右键单击 D6R3 刀具路径，选取“编辑”，复制刀具路径 D6R3-1。关闭 D6R3 刀具路径灯泡。右键单击刀具路径 D6R3-1“激活”，右键单击刀具路径 D6R3-1“设置”，单击左上角打开表格，编辑刀具路径，将刀具路径名称更改为 D6R1.5，选取刀具为 D6R1.5（图 2-14），直线投影参考线选取“螺旋”策略，位置为（0，0，1），公差改为 0.02mm，不留余量，切削深度 0.2mm。参考线限界高度 0.2mm，结束 -128mm，刀轴设定为前倾/侧倾 -60°。定义主轴转速为 12000r/min，进给速度为 5000mm/min，切削速度为 300mm/min，设定完成后单击“队列”后台计算刀具路径。

图 2-13　复制刀具路径

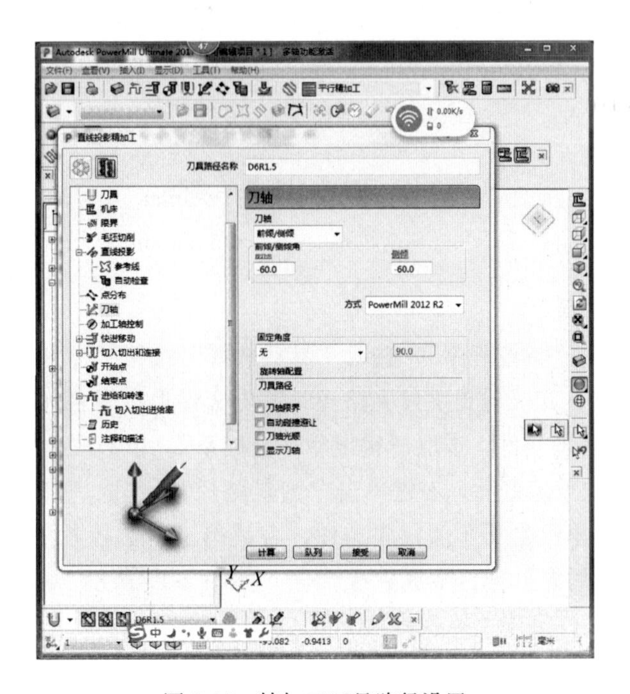

图 2-14　精加工刀具路径设置

（六）刀具路径仿真

鼠标右键单击“D30R5-1”，选取“自动开始仿真”，打开 ViewMill，单击“彩虹阴影图像”；然后单击“运行到末端”按钮，开始仿真刀具路径；接着用同样的方法仿真第二条刀具路径，仿真结果如图 2-15a 所示。

接下来仿真 D10R5 刀具路径，仿真过程如图 2-15b 所示。仿真 D6R3 刀具路径及 D6R1.5 刀具路径，仿真最终结果如图 2-15c 所示。

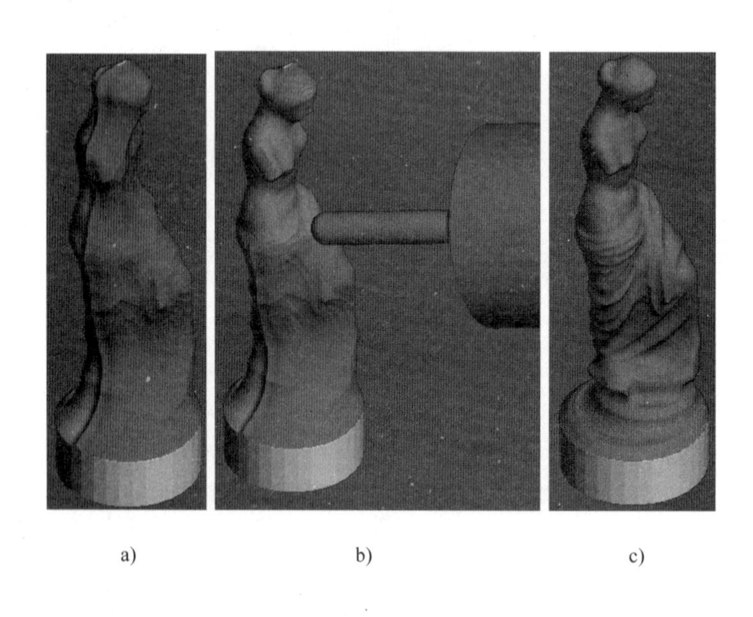

a)　　b)　　c)

图 2-15　刀具路径仿真示意图

（七）后置处理

鼠标右键单击“数控程序”，选取“参数选择”按钮，弹出“NC 参数选择”对话框（图 2-16），定义输出文件夹路径，输出文件夹扩展名称，选取“机床选项文件”为后置处理文件，选取“输出用户坐标系”，单击“关闭”。

后置处理参数设定好后，右键单击“刀具路径”，选取“产生独立的数控程序”，在数控程序里产生了 5 条程序文件，右键单击“数控程序”，选取“全部写入”，开始进行后置处理，生成数控代码，如图 2-17 所示。后置处理成功后，数控程序在程序文件夹中可以找到。

图 2-16　“NC 参数选择”对话框

信息

```
143 Records Processed (5 percent complete).
286 Records Processed (10 percent complete).
429 Records Processed (15 percent complete).
572 Records Processed (20 percent complete).
715 Records Processed (25 percent complete).
858 Records Processed (30 percent complete).
1001 Records Processed (35 percent complete).
1144 Records Processed (40 percent complete).
1287 Records Processed (45 percent complete).
1430 Records Processed (50 percent complete).
1572 Records Processed (55 percent complete).
1572 Records Processed (55 percent complete).
error NCB0236: Retract and Reconfigure cannot be processed.
Location:
    object: ToolpathMilling, functio
```

图 2-17　后置处理计算

六、加工过程

（一）准备工作

（1）备料　毛坯采用 ϕ43mm×140mm2A12-T4 铝合金（详见图 2-2）。

（2）准备刀具　直径 ϕ30mm 的圆角铣刀（D30R5），直径分别为 ϕ10mm、

ϕ6mm 的圆柱形球头立铣刀（D10R5、D6R3）和直径 ϕ6mm 的圆锥形球头立铣刀（D6R1.5）。在精加工时，ϕ3mm 圆柱形球头立铣刀的刀具长度过短，要使用 D6R1.5 圆锥形球头立铣刀。

（3）其他工具　自制夹具（图 2-18），将其锁紧在回转工作台上，以保证夹具中心与回转工作台中心重合。这种夹具利用螺钉锁紧，工件装夹牢固，比一些抱紧的夹具更可靠。这种夹具自身有一定高度，在五轴联动数控机床能更好地避免坐标轴联动产生干涉。

（二）找正和装夹工件

夹具底部中心的销与回转工作台中心孔采用小间隙配合，用 4 个 M12 内六角圆柱头螺钉配合 T 形块锁紧在回转工作台上，保证夹具的上外圆与回转工作台中心孔同轴度公差为 ϕ0.02mm。将毛坯用 4 个 M8 内六角圆柱头螺钉固定在夹具上。毛坯、夹具装夹示意图如图 2-19 所示。

图 2-18　自制夹具锁紧在回转工作台上

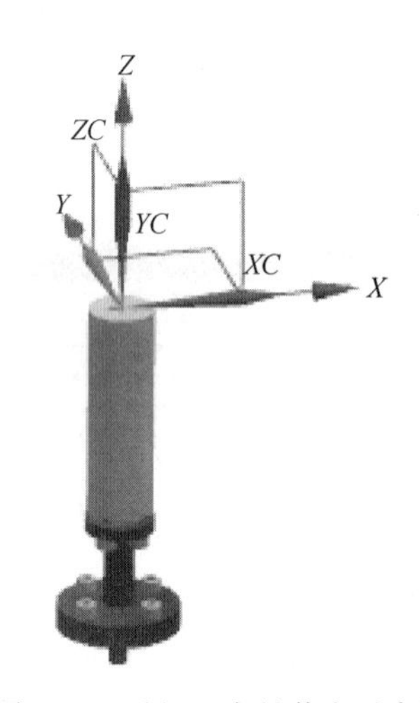

图 2-19　毛坯、夹具装夹示意图

（三）确定工件坐标系和对刀

本工件加工原点的 X 轴、Y 轴坐标由回转工作台中心位置确定，Z0 位置在工件的上表面。利用机床雷尼绍测头将工件坐标系原点输入到机床坐标系中。五轴联动数控机床的对刀是将每把刀具装在机床刀库里，然后在工件的 Z0 表面上对好刀长，最后输入到刀具表的刀具长度参数地址。

（四）加工

加工是由机床按照编制好的加工程序自动执行，同普通数控铣床的加工没有区别，只需要按顺序更换刀具和调用程序，再执行程序即可。加工过程中，可根据加工的实际情况，适当调整加工时主轴转速和进给速度的倍率。

七、技术点评

1）使用自制夹具，方便快捷、固定牢靠、通用性强，可避免干涉。

2）多轴编程应尽量减少机床的移动量，提高效率。应使刀轴矢量变化均匀，若无法避免刀轴矢量的突变，则尽量减少突变点数量或分多次加工，更改编程软件里的连接方式为在曲面上或直接连接，以提高加工质量。有多个刀具路径时，每个刀具路径衔接处的矢量应平滑过渡。编程中使用的计算方法应保证从数学角度有唯一的解。

第3章 大力神杯的加工解析

一、图样技术要求及毛坯

大力神杯的 3D 图如图 3-1 所示。

大力神杯的毛坯如图 3-2 所示。毛坯采用 ϕ96mm×160mm 的 2A12-T4 铝合金。在工件的底面分度圆上加工 4×M8↧15 螺纹孔，保证这 4 个螺纹孔分度圆与毛坯外圆同轴。毛坯表面粗糙度值为 Ra1.6μm。

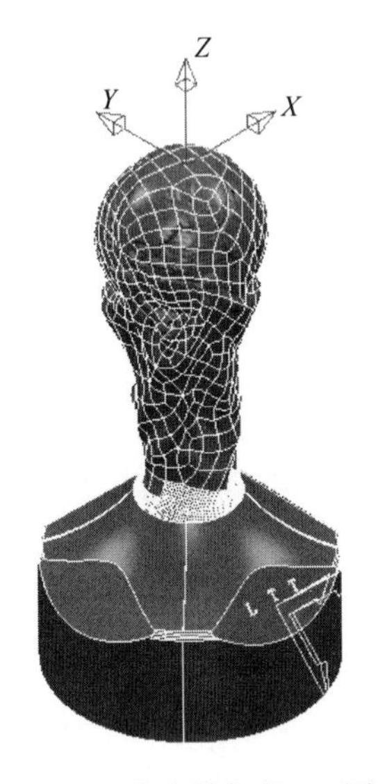

图 3-1　大力神杯的 3D 图

图 3-2　大力神杯的毛坯

二、图样分析

大力神杯显然也是三轴联动数控机床加工所不能完成的，所以必须在五轴联动数控机床上进行加工。大力神杯造型由若干个片体构成，表面粗糙度直接影响加工零件的美观性，所以表面粗糙度值要求全部不大于 Ra3.2μm。底部空间曲面上有“LTT”刻字装饰，用雕刻的方法加工。

三、工艺分析

大力神杯的加工过程可分为：粗加工、初加工、半精加工、精加工和雕刻。

（一）确定定位基准

工件坐标系选择在大力神杯的顶部中心，即 X、Y 选择在工件的回转中心、Z 在毛坯上端面。

（二）加工难点

1）CAM 软件的编程。

2）大力神杯属于细长类工件，顶部加工时刚性较差，容易引起振动，故要减小表面粗糙度必须减少加工时的振动。

3）选用合理的加工工艺提高工件的表面粗糙度。

（三）刀具干涉检查

定义刀具时，设计好安装的刀柄形状。通过仿真检查刀具是否干涉。

（四）重点编程功能

1）模型区域清除。

2）刀具路径裁剪。

3）直线投影精加工。

4）刻字。

5）模拟仿真。

（五）工艺方案

通过3D模型的分析，在工艺分析的基础上，从实际出发制订工艺方案。通过工件的几何形状分析，通过六道工序完成工件的全部加工内容。加工顺序为：

第一道工序：将工件沿 *X* 轴倾斜+90°，开启粗加工，深度大于最大侧素线2mm。

第二道工序：将工件沿 *X* 轴倾斜-90°，开启粗加工，深度大于最大侧素线2mm。

第三道工序：初加工，取消粗加工，去除加工余量，为半精加工做准备。

第四道工序：半精加工，为精加工留有0.2mm余量，保证精加工的加工余量均匀。

第五道工序：利用小直径的刀具进行精加工，提高工件表面的质量，切削速度避开机床共振点。

第六道工序：利用雕刻刀具刻字。

（六）确定程序设计思路

第一道工序：利用模型区域清除方式去除1/2部分余量，采用小切削深度、大进给方式加工。

第二道工序：利用模型区域清除方式去除另外1/2部分余量，也采用小切削深度、大进给方式加工。

第三道工序：利用大直径硬质合金加工铝材的圆柱形球头立铣刀直线投影精加工的方式，去除粗加工剩余的不均匀余量。

第四道工序：利用小于上述直径的加工铝材的圆柱形球头立铣刀直线投影精加工的方式，去除余量，为精加工提供均匀的余量。

第五道工序：利用小直径的刀具进行精加工，提高工件表面的质量。

第六道工序：利用雕刻刀具刻字，文字需清晰可辨。

四、加工工艺卡片

序号	工步	刀具名称	规格	主轴转速 /(r/min)	进给速度 /(mm/min)	切削宽度 /mm	切削深度 /mm	坐标系
1	粗加工	圆角铣刀	D30R5 (ϕ30mm×20mm×110mm)	3500	2500	20	1	2
2	粗加工	圆角铣刀	D30R5 (ϕ30mm×20mm×110mm)	3500	2500	20	1	3
3	初加工	圆柱形球头立铣刀	D10R5（ϕ10mm）	7000	3000		1	ZBX
4	半精加工	圆柱形球头立铣刀	D6R3（ϕ6mm）	8000	4000		0.5	ZBX
5	精加工	圆锥形球头立铣刀	D6R1.5（ϕ6mm）	12000	5000		0.2	ZBX
6	刻字	雕刻刀	D6R0.2（ϕ6mm）	12000	300			

五、编写加工程序步骤

大力神杯零件的加工比较复杂，可利用 CAM 软件生成加工程序，然后再一步一步地实施。

用 PowerMill 2017 软件来编程，编程的步骤为：先导入 3D 模型、建立工件坐标系、选择加工刀具及加工方法，再进行加工操作，设定好加工参数，最后生成加工刀具路径。

（一）导入几何体

导入大力神杯几何体到编程软件，如图 3-3 所示。

（二）创建毛坯

建立加工所用毛坯，尺寸为 ϕ96mm×160mm，锁定命名的用户坐标系，如图 3-4 所示。

（三）建立工件坐标系

根据加工方法建立工件坐标系：第一次粗加工，建立坐标系“2”；第二次粗加工，建立坐标系“3”；其余 3 个加工方式，建立坐标系“ZBX”（图 3-5）。

（四）创建加工刀具

加工大力神杯需要用到 5 把刀具：直径 ϕ30mm 的圆角铣刀（D30R5）、直径 ϕ10mm 的圆柱形球头立铣刀（D10R5）、直径 ϕ6mm 的圆柱形球头立铣刀

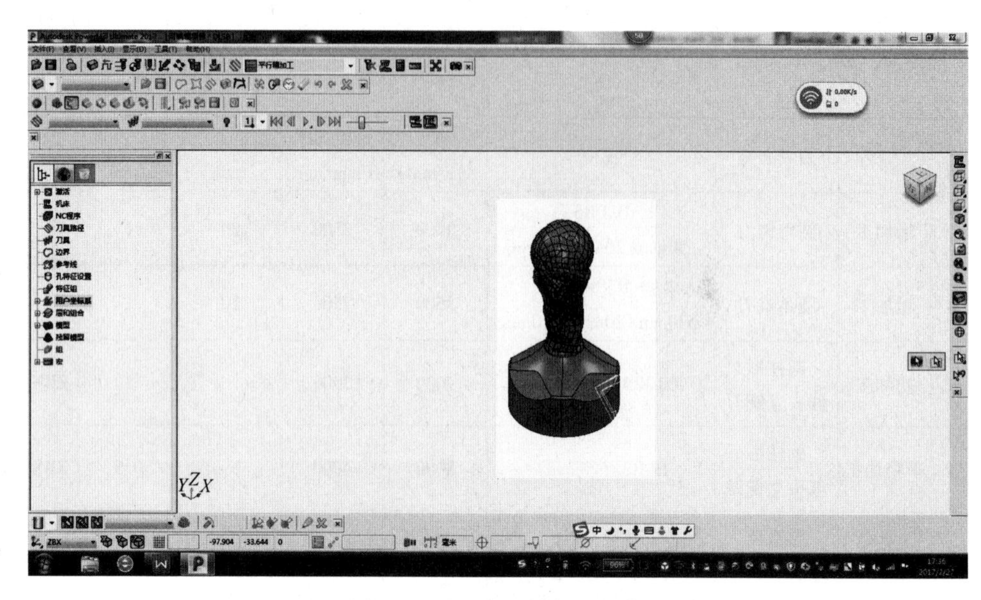

图 3-3　导入大力神杯几何体

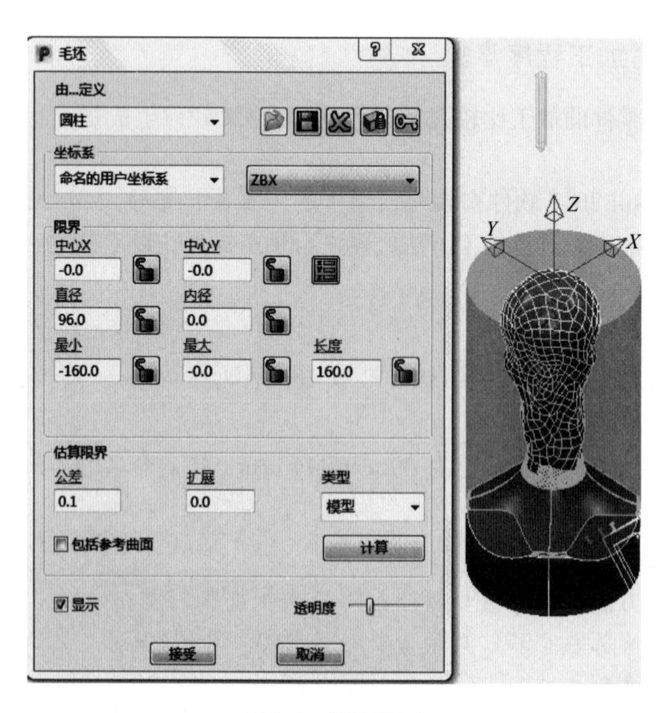

图 3-4　创建毛坯

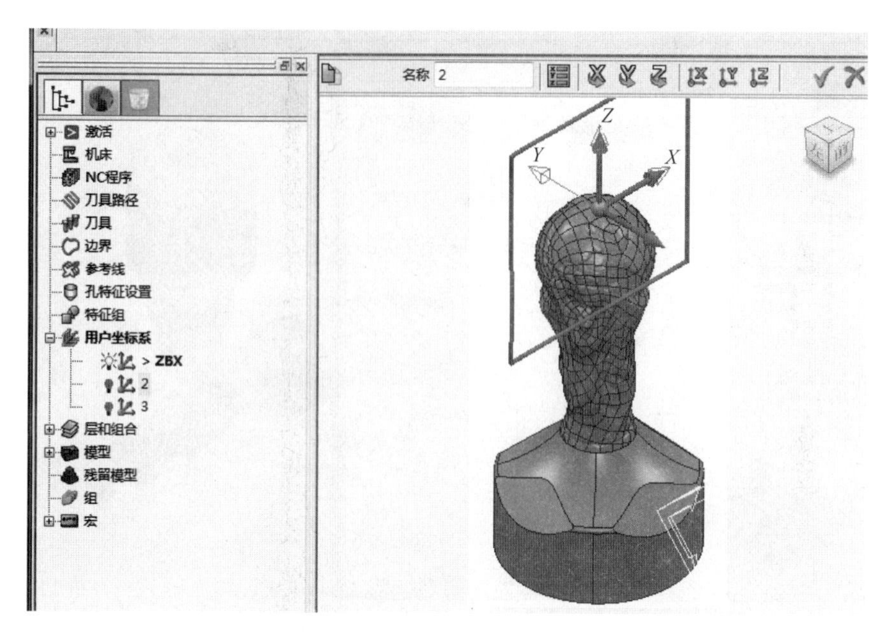

图 3-5　建立工件坐标系

(D6R3)、直径 ϕ6mm 的圆锥形球头立铣刀（D6R1.5）、直径 ϕ6mm 的雕刻刀（D6R0.2）。雕刻刀如图 3-6 所示。

（五）创建加工刀具路径

第一道工序：

激活坐标系“2”，激活圆角铣刀 D30R5，选择“模型区域清除”模式，打开“模型区域清除”对话框，设定刀具路径名称 D30R5-1，如图 3-7 所示。

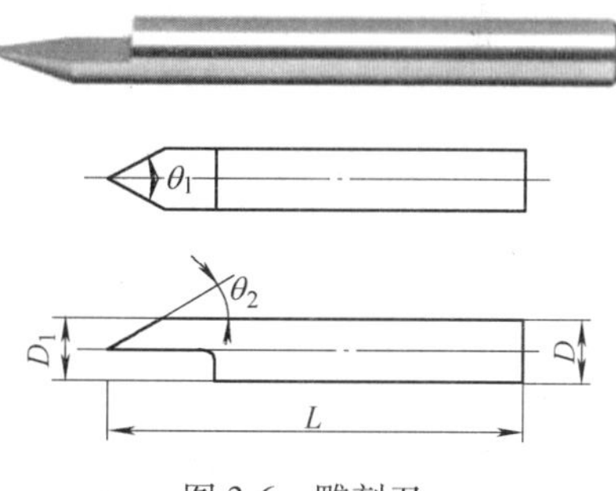

图 3-6　雕刻刀

单击对话框中的“用户坐标系”，确认是坐标系“2”。单击对话框中的“毛坯”，确认是世界坐标系定义的毛坯。单击“刀具”，确认是圆角铣刀 D30R5。“机床”和“限界”两项不用设置。单击“模型区域清除”，选取切削方向均为“任意”，余量为 0.5mm，切削宽度为 20mm，切削深度为 1mm，恒定下切步距。单击“快进移动”，选择平面类型，坐标系“2”，单击“计算”来设定快进移动位置。单击“切入切出和连接”的“切入”选项，在第一选择中选取“斜向”，单击下边图标弹出“斜向切入选项”对话框，设定最大左斜角为 2°，高度为 1mm，单击“开始点和结束点”，设定为毛坯中心安全高度。设定主轴转速为 3500r/min，进给速度为 2500mm/min，切削

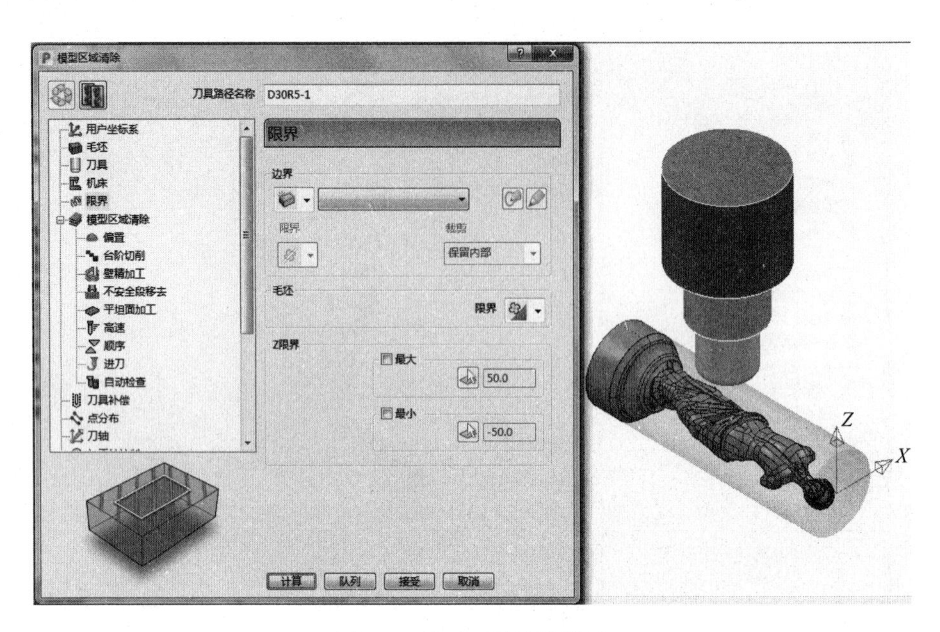

图 3-7　模型区域清除设置

速度为 300mm/min，设定完成后单击“队列”，进入后台运算刀具路径，运算结果如图 3-8 所示。

然后单击右侧“从前查看”图标，利用鼠标框选的模式，裁剪多余的刀具路径，选中后右键单击“编辑”→“删除已选部件”，如图 3-9 所示。裁剪完的刀具路径如图 3-10 所示。

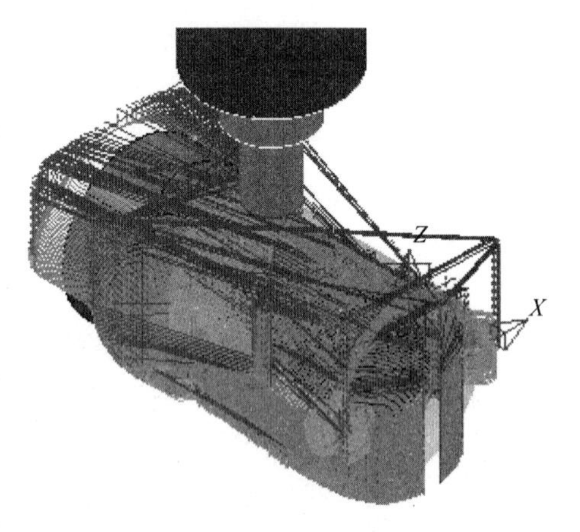

图 3-8　运算完的刀具路径

第二道工序：

激活坐标系“3”，用第一道工序的方法得到加工另一部分的加工刀具路径（图 3-11），名称为 D30R5-2。

第三道工序：

在软件中激活坐标系“ZBX”，激活 D10R5 刀具，单击策略选取器中精加工方式里的“直线投影精加工”，在刀具路径名称中命名为 D10R5，检查直线投影精加工策略里的“用户坐标系”“毛坯”；刀具选取“D10R5 圆柱形球头立铣刀”，直线投影参考线选取“螺旋”策略，位置为（0，0，1），余量留 0. 5mm，切削深度 1mm。参考线里定义开始高度 0. 5mm，结束为-128mm，单击“预览”按钮查看刀具路径。刀轴定义为前倾、侧倾均为－15°，方式为

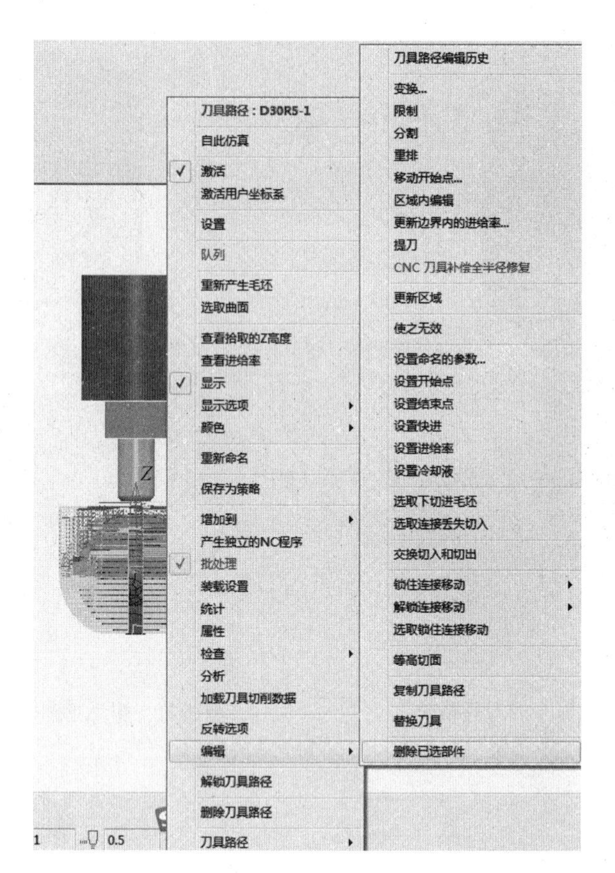

图 3-9　裁剪刀具路径的方法

“PowerMill 2012 R2”，快进移动类型选取“平面”，用户坐标系选取“ZBX”，单击“计算”完成。“切入切出和连接”选项中采用水平圆弧，角度为 45°，半径为 5mm，单击“切入切出相同”按钮。定义主轴转速为 7000r/min，进给速度为 3000mm/min，切削速度为 300mm/min，设定完成后单击“队列”后台计算刀具路径。直线投影初加工刀具路径如图 3-12 所示。

第四道工序：

右键单击 D10R5 刀具路径，选取“编辑”，复制刀具路径 D10R5-1。关闭 D10R5 刀具路径灯泡。右键单击“刀具路径 D10R5-1 激活”，右键单击“刀具路径 D10R5-1 设置”，单击左上角打开表格，编辑刀具路径，将刀具路径名称更改为 D6R3，选取刀具为 D6R3，直线投影参考线选取“螺旋”策略，位置为（0，0，1），余量留 0. 3mm，切削深度 0. 5mm。定义主轴转速为 8000r/min，进给速度为 4000mm/min，切削速度为 300mm/min，设定完成后单击“队列”后台计算刀具路径。直线投影半精加工刀具路径如图 3-13 所示。

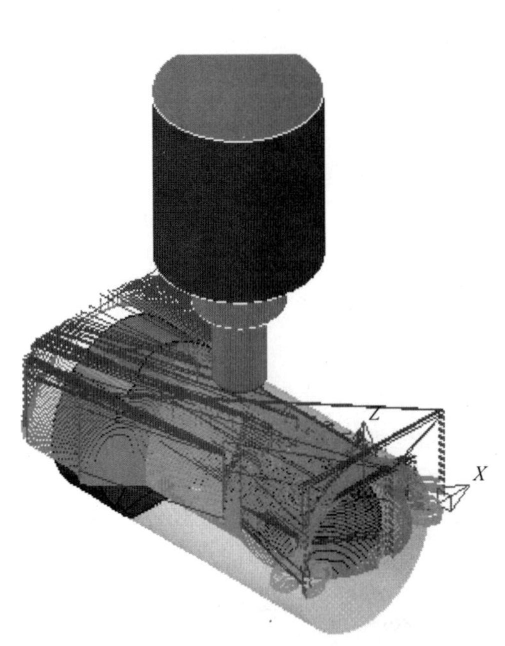

图 3-10　裁剪完的刀具路径

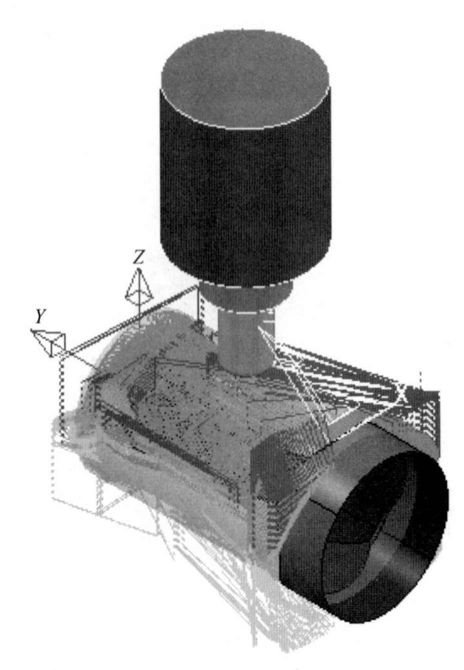

图 3-11　粗加工的完整刀具路径

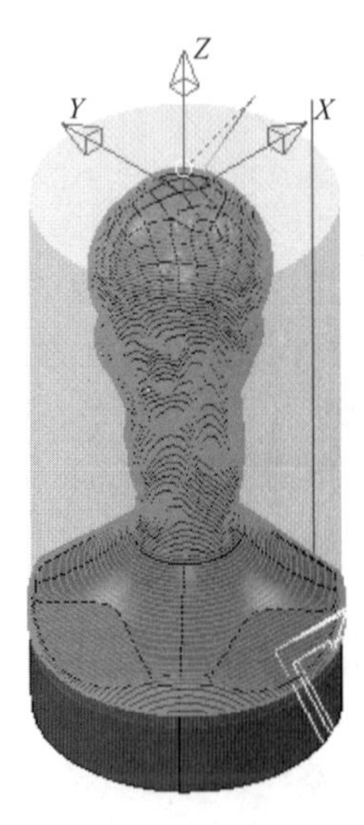

图 3-12　直线投影初加工刀具路径

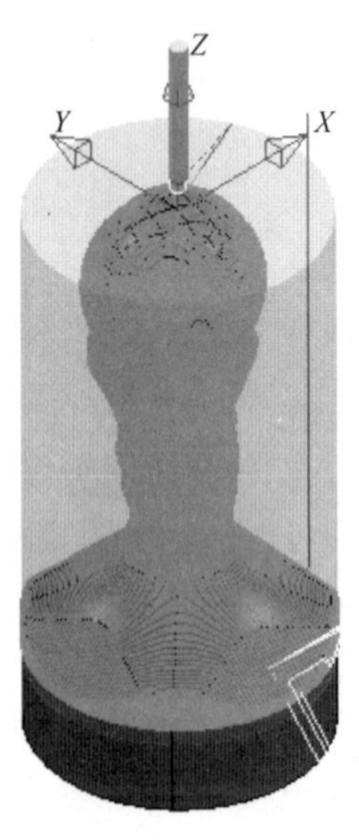

图 3-13　直线投影半精加工刀具路径

第五道工序：
右键单击 D6R3 刀具路径，选取“编辑”，复制刀具路径 D6R3-1。关闭

D6R3 刀具路径灯泡。右键单击“刀具路径 D6R3-1 激活”，右键单击“刀具路径 D6R3-1 设置”，单击左上角打开表格，编辑刀具路径，将刀具路径名称更改为 D6R1.5，选取刀具为 D6R1.5，直线投影参考线选取“螺旋”策略，位置为（0，0，1），公差改为 0.02mm，不留余量，切削深度 0.2mm。定义主轴转速为 12000r/min，进给速度为 5000mm/min，切削速度为 300mm/min，设定完成后单击“队列”后台计算刀具路径。直线投影精加工刀具路径如图 3-14 所示。

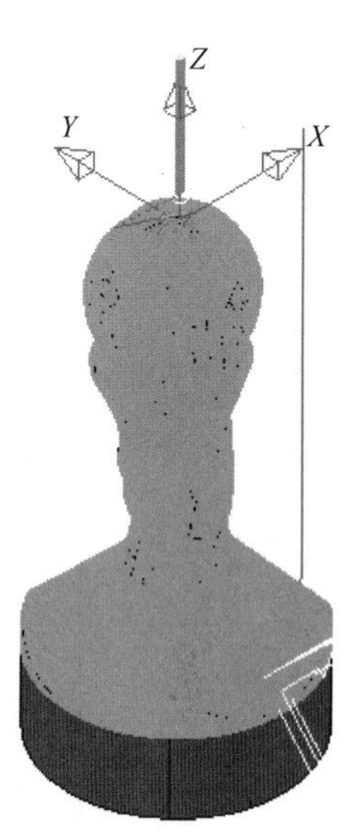

图 3-14　直线投影精加工刀具路径

第六道工序：

1. 创建坐标系

在空间曲面上有“LTT”的面上右键单击“产生并定向用户坐标系”，选择“用户坐标系对齐于几何形体”，如图 3-15 所示。

2. 产生参考线

右键单击“参考线”，右键单击“参考线 1”，激活曲

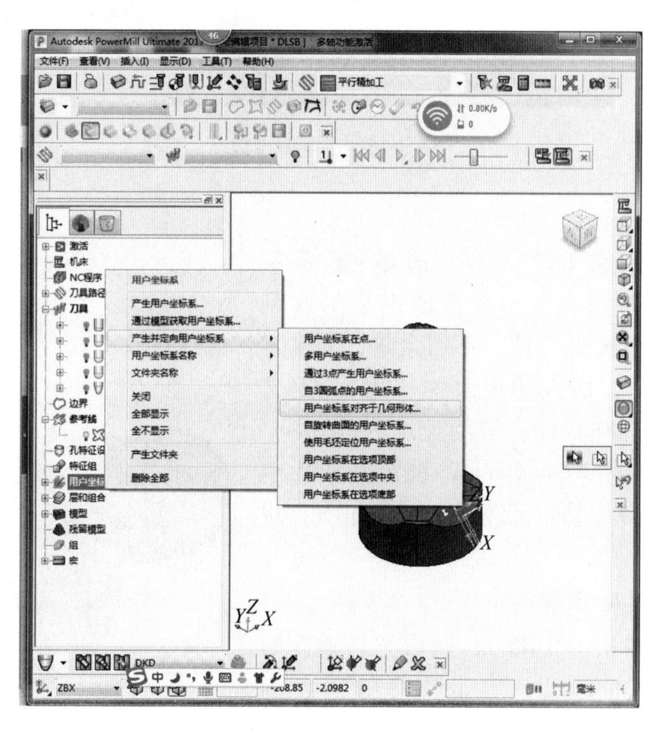

图 3-15　创建坐标系

线编辑器，打开线框显示模式，通过获取曲线方式拾取“LTT”字母，单击“接受改变”完成产生的参考线。通过单击参考线的“显示”按钮检查参考线选取是否正确，如图3-16所示。

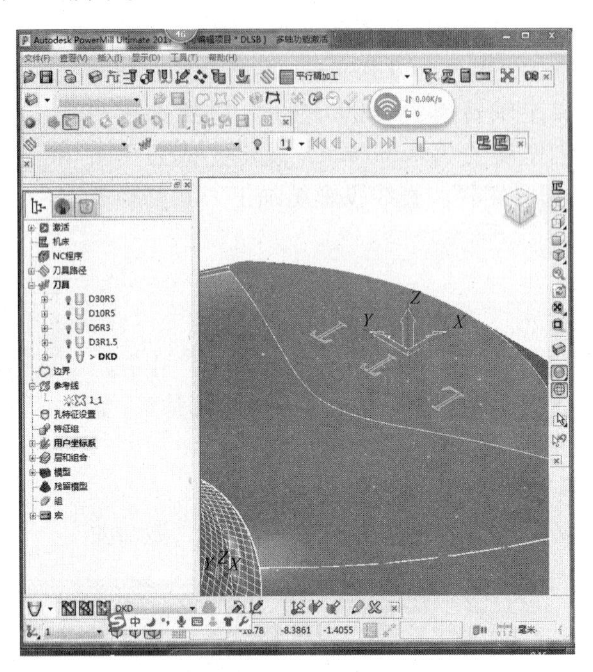

图3-16 产生参考线

3. 参考线精加工

定义刀具名称“KZ”选取坐标系“ZBX”，坐标系同上，刀具选取定义的雕刻刀，在参考线里选取“1”，不留余量，刀轴方式改为“垂直”，切入切出改为“无”。定义主轴转速为12000r/min，进给速度为300mm/min，切削速度为300mm/min，设定完成后单击“队列”后台计算刀具路径，结果如图3-17所示。

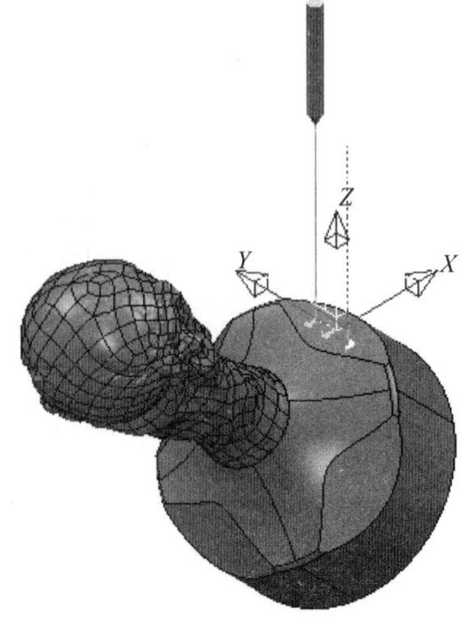

图3-17 参考线精加工刀具路径

(六) 刀具路径仿真

鼠标右键单击D30R5-1，选取“自动开始仿真”，打开ViewMill，单击“彩虹阴影图像”；然后单击“运行到末端”按钮，开始仿真刀具路径；接着用同样的方法仿真第二条刀具路径，仿真结果如图 3-18a 所示。

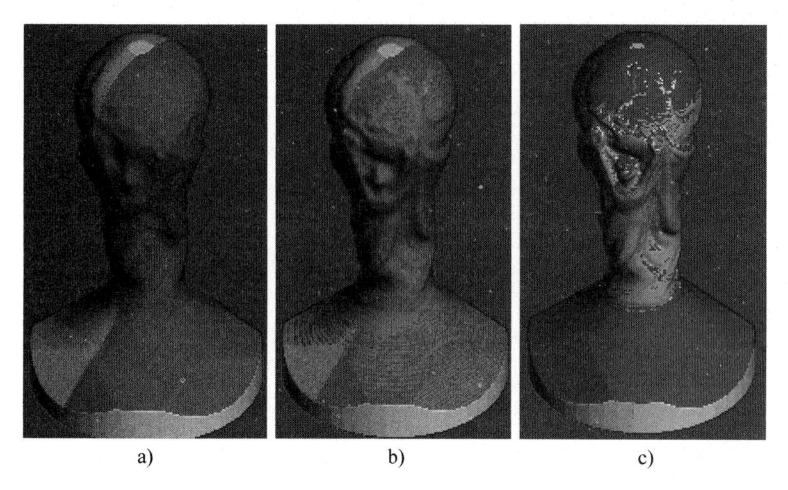

图 3-18　刀具路径仿真示意图

接下来仿真 D10R5 刀具路径，仿真结果如图 3-18b 所示。仿真 D6R3 刀具路径及 D3R1. 5 刀具路径，仿真结果如图 3-18c 所示。

（七）后置处理

鼠标右键单击“数控程序”，选取“参数选择”按钮，弹出“NC 参数选择”对话框（图 3-19），定义输出文件夹路径，输出文件夹扩展名称，选取“机床选项文件”为后置处理文件，选取“输出用户坐标系”，单击关闭。

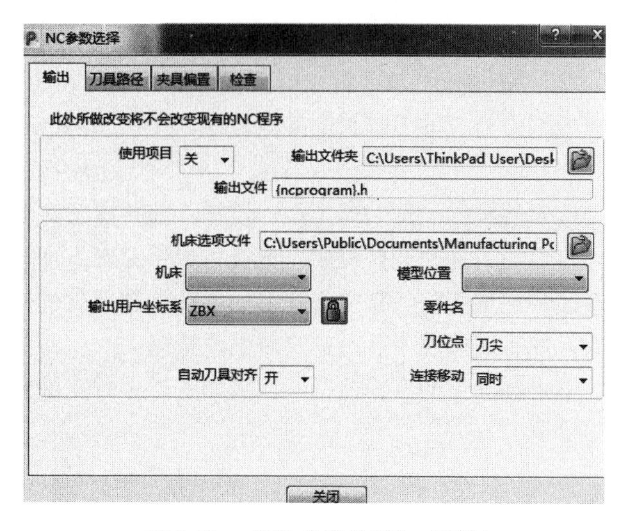

图 3-19　“NC 参数选择”对话框

后置处理参数设定好后，右键单击“刀具路径”，选取“产生独立的数控程序”，在数控程序里产生了5条程序文件，右键单击“数控程序”，选取“全部写入”，开始进行后置处理，生成数控代码。后置处理成功后图标变为绿色，如图3-20所示，数控程序在程序文件夹中可以找到。

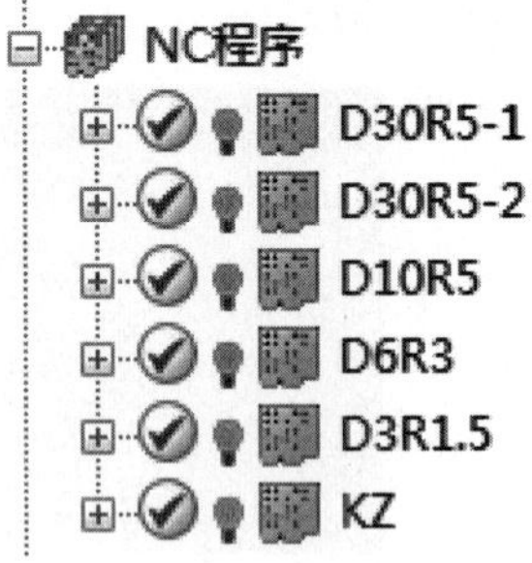

NC程序
D30R5-1
D30R5-2
D10R5
D6R3
D3R1.5
KZ

图3-20　后置处理计算

六、加工过程

（一）准备工作

（1）备料　毛坯采用ϕ96mm×160mm 2A12-T4铝合金（详见图3-2）。

（2）准备刀具　直径ϕ30mm的圆角铣刀（D30R5），直径分别为ϕ10mm，ϕ6mm的圆柱形球头立铣刀（D10R5、D6R3），直径ϕ6mm的圆锥形球头立铣刀（D6R1.5），直径ϕ6mm的雕刻刀（D6R0.2）。将刀具按照编程时设定的长度进行装夹，然后对好刀具长度，将刀具长度输入刀具表里，最后将刀具装到机床刀库中。

（3）其他工具　自制夹具（详见第2章图2-18）。

（二）找正和装夹工件

找正和装夹工件同第2章（图2-19）。

（三）确定工件坐标系和对刀

本工件加工原点的X轴、Y轴坐标由回转工作台中心位置确定，Z0位置在工件的上表面。利用机床雷尼绍测头将工件坐标系原点输入到机床坐标系中。五轴联动数控机床的对刀是将每把刀具装在机床刀库里，然后在工件的Z0表面上对好刀长，最后输入到刀具表的刀具长度参数地址。

（四）加工

加工是由机床按照编制好的加工程序自动执行，同普通数控铣床的加工没有区别，只需要按顺序更换刀具和调用程序，再执行程序即可。加工过程中控制好机床，避免发生碰撞。在加工前务必定义好刀柄形状，利用软件仿真功能验证程序是否有碰撞现象，如有碰撞及干涉现象及时更改策略。

加工过程中，可根据加工的实际情况，适当调整加工时主轴转速和进给速度的倍率来控制切削倍率。

七、技术点评

1）将刀具路径复制3份，选取XY平面，激活坐标系“ZBX”。右键单击如图3-21a所示。弹出“多重变换”对话框，如图3-21b所示。生成的刀具路径如

图 3-21c 所示。

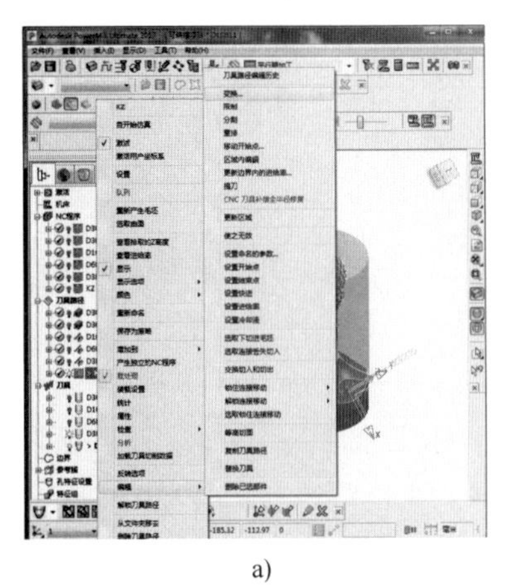

a)

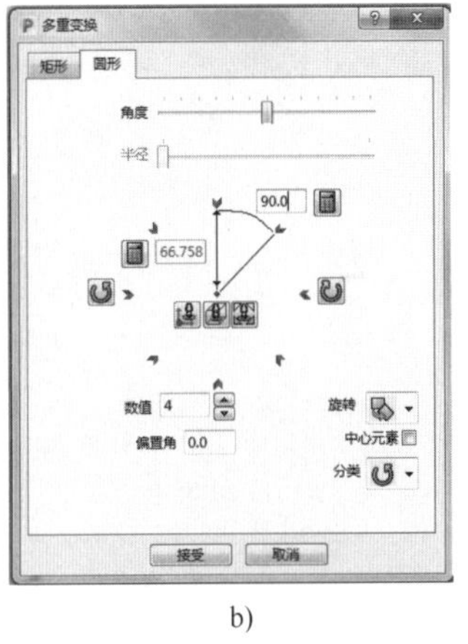

b)

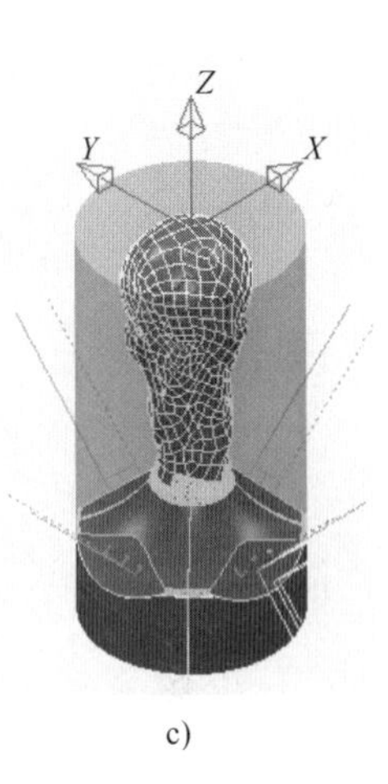

c)

图 3-21　刀具路径复制示意图

2）在定义参考线时，可使用获取曲线、删除已选、裁剪等功能编辑参考线。

3）精加工时切削速度不要更改、加工过程中途不要停顿，否则在工件表面会产生痕迹，影响工件的美观。

第4章

足球展示件的加工解析

一、图样技术要求及毛坯

足球展示件的 3D 图如图 4-1 所示。

足球展示件的毛坯如图 4-2 所示。毛坯采用 100mm×100mm×141mm 的 2A12-T4 铝合金（状态为固溶处理+自然时效）。在工件的底面分度圆上加工 4×M8↧15 螺纹孔，保证这 4 个 M8 螺纹孔分度圆与毛坯外圆同轴。毛坯表面粗糙度值为 *Ra*1.6μm。

图 4-1　足球展示件的 3D 图

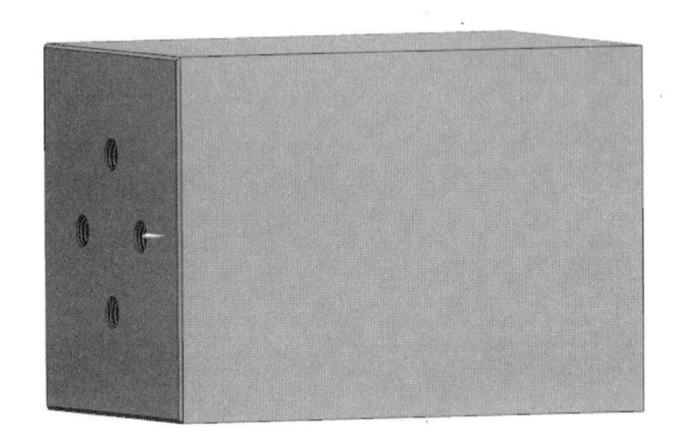

图 4-2　足球展示件的毛坯

二、图样分析

足球展示件在五轴联动数控机床上进行加工效果最好。因为足球展示件由若干个片体和线框构成，表面粗糙度直接影响加工零件的美观性，所以要求表面粗糙度值全部不大于 *Ra*3.2μm。

三、工艺分析

足球展示件的加工过程可分为粗加工、半精加工、精加工和雕刻、铣削装饰面。

（一）确定定位基准

工件坐标系选择在足球展示件的顶部中心，即 *X*、*Y* 选择在工件的中心、*Z* 选择在毛坯上端面以上 2mm。

（二）加工难点

1）CAM 软件编程中的直线投影精加工、镶嵌参考线精加工、参考线精加工、平行平坦面精加工、参考线的生成、刀具路径的阵列。

2）足球展示件由许多曲面和片体构成，形状比较复杂，在加工过程中刀具角度变换较大，所以尽量使用热装刀柄，避免产生干涉现象。

3）选用合理的加工工艺提高工件的加工质量。

（三）刀具干涉检查

定义刀具时，设计好安装的刀柄形状。通过仿真检查刀具是否干涉。

（四）重点编程功能

1）模型区域清除。

2）刀具路径裁剪。

3）直线投影精加工。

4）刻字。

5）模拟仿真。

（五）工艺方案

通过3D模型的分析，在工艺分析的基础上，从实际出发制订工艺方案。通过工件的几何形状分析，用6道工序完成工件的全部加工内容。加工顺序为：

第一道工序：将工件沿 X 轴倾斜+90°，开启粗加工，深度大于最大侧素线2mm。

第二道工序：将工件沿 X 轴倾斜−90°，开启粗加工，深度大于最大侧素线2mm。

第三道工序：半精加工，为精加工留有0.3mm余量，保证精加工的加工余量均匀。

第四道工序：精加工，提高工件表面的质量，切削速度避开机床共振点。

第五道工序：利用较小直径的圆柱形球头立铣刀铣削足球的纹路，雕刻“DELCAM及徽标”“DMG”，铣削足球五边形纹路。

第六道工序：精加工装饰面。

（六）确定程序设计思路

第一道工序：利用模型区域清除方式去除1/2部分余量，采用小切削深度、大进给方式加工。

第二道工序：利用模型区域清除方式去除另外1/2部分余量，也采用小切削深度、大进给方式加工。

第三道工序：利用大直径硬质合金加工铝材的圆柱形球头立铣刀直线投影精加工的方式，去除粗加工剩余的不均匀余量。

第四道工序：利用加工铝材的圆柱形球头立铣刀直线投影精加工的方式，进行精加工，提高工件表面的质量。

第五道工序：利用小直径的圆柱形球头立铣刀铣削足球的纹路，雕刻“DELCAM及徽标”与“DMG”，文字需清晰可辨。

第六道工序：利用立铣刀精加工装饰面，阵列刀具路径。

四、加工工艺卡片

序号	工步	刀具名称	规格	主轴转速 /(r/min)	进给速度 /(mm/min)	切削宽度 /mm	切削深度 /mm	坐标系
1	粗加工	立铣刀	D16R0.8（ϕ16mm）	3000	2000	12	1.5	2
2	粗加工	立铣刀	D16R0.8（ϕ16mm）	3000	2000	12	1.5	3
3	半精加工	圆柱形球头立铣刀	D10R5（ϕ10mm）	7000	4000	0.8	0.8	1
4	精加工	圆柱形球头立铣刀	D10R5（ϕ10mm）	7000	3000	0.3	0.3	1
5	铣削沟槽	圆柱形球头立铣刀	D2R1（ϕ2mm）	12000	3000	0.08	0.2	1
6	刻字	雕刻刀	D6R0.2（ϕ6mm）	12000	1000			1
7	铣削纹路	圆柱形球头立铣刀	D1R0.5（ϕ1mm）	12000	1000			1
8	铣削装饰面	立铣刀	D16R0.8（ϕ16mm）	3000	500			4、5

五、编写加工程序步骤

足球展示件加工比较复杂，其复杂性主要体现在加工程序的编制上，因此应首先明确在利用 CAM 软件生成加工程序这项工作中需要做什么，然后再一步一步地实施。

用 PowerMill 2017 软件来编程，编程的步骤为：先导入 3D 模型、建立工件坐标系、选择加工刀具及加工方法，再进行加工操作，设定好加工参数，最后生成加工刀具路径。

（一）导入几何体

导入足球展示件几何体到编程软件，如图 4-3 所示。

（二）创建毛坯

毛坯采用 100mm×100mm×141mm 的 2A12-T4 铝合金，激活用户坐标系，如图 4-4 所示。

（三）建立工件坐标系

如图 4-5 所示，根据加工方法建立工件坐标系：第一次粗加工，建立坐标系“2”；第二次粗加工，建立坐标系“3”；加工球面的 2 个加工方式，建立坐标系“1”；面铣削建立坐标系“4”和“5”。

图 4-3　导入足球展示件几何体

图 4-4　创建毛坯

图 4-5　建立工件坐标系

（四）创建加工刀具

加工足球展示件需要用到 5 把刀具：ϕ16mm 的立铣刀（D16R0.8）、ϕ10mm 的圆柱形球头立铣刀（D10R5）、ϕ2mm 的圆柱形球头立铣刀（D2R1）、ϕ1mm 的圆柱形球头立铣刀（D1R0.5）、ϕ6mm 的雕刻刀（D6R0.2）。

（五）创建加工刀具路径

第一道工序：

激活坐标系“2”，激活立铣刀 D16R0.8，选择“模型区域清除”模式，打开“模型区域清除”对话框，设定刀具路径名称为 D16R0.8，如图 4-6 所示。

单击对话框中的“用户坐标系”，确认是坐标系“2”；单击对话框中的“毛坯”，确认是世界坐标系定义的毛坯。单击“刀具”，确认是圆角铣刀 D16R0.8。“机床”和“限界”两项不用设置。单击“模型区域清除”，选取切削方向均为“任意”，余量为 0.3mm，切削宽度为 12mm，切削深度为 1.5mm，恒定下切步距。单击“快进移动”，选择平面类型，坐标系“2”，单击“计算”来设定快进移动位置。单击“切入切出和连接”的“切入”选项，在第一选择中选取“斜向”，单击下边图标弹出“斜向切入选项”对话框，设定最大左斜角为 2°，

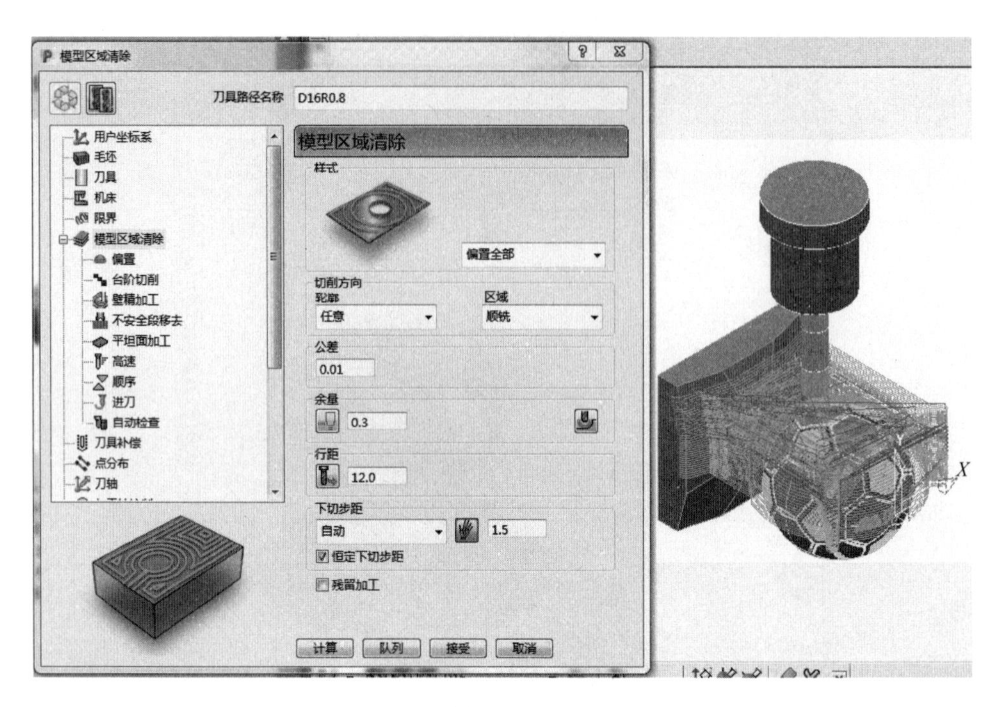

图 4-6　模型区域清除设置

高度为1.5mm。单击“开始点和结束点”，设定为毛坯中心安全高度。设定主轴转速为3000r/min，进给速度为2000mm/min，切削速度为500mm/min，设定完成后单击“队列”，进入后台运算刀具路径，运算结果如图4-7所示。

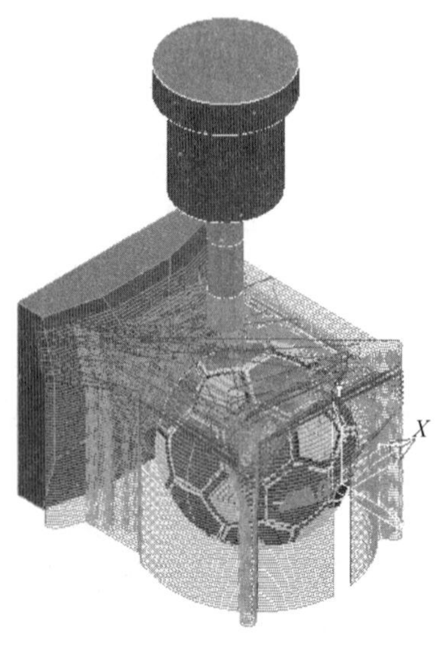

图 4-7　运算完的刀具路径

然后单击右侧“从前查看”图标，利用鼠标框选的模式，裁剪多余的刀具路径，选中后右键单击“编辑”→“删除已选部件”。裁剪完的刀具路径如图4-8所示。

第二道工序：

激活坐标系“3”，用第一道工序的方法得到加工另一部分的加工刀具路径（图4-9），名称为D16R0.8-2。

第三道工序：

在软件中激活坐标系“1”，激活D10R5刀具，单击策略选取器中精加工方式里的“直线投影精加工”，在刀具路径名称中命名为D10R5，检查直线投影精

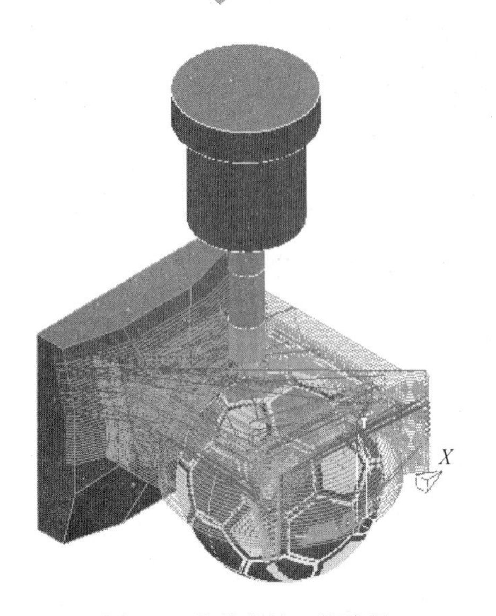

图 4-8　裁剪完的刀具路径

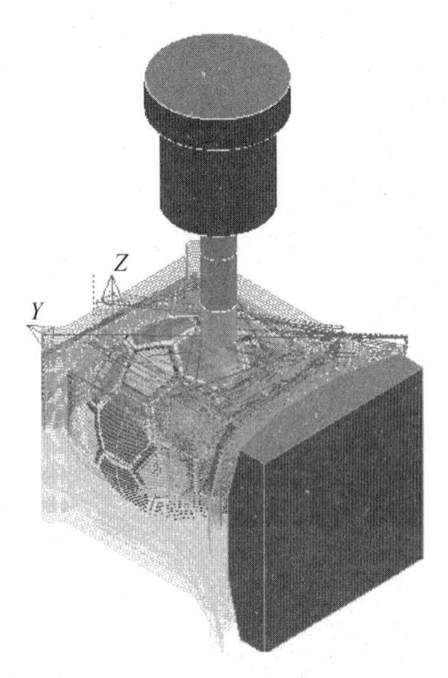

图 4-9　粗加工的完整刀具路径

加工策略里的“用户坐标系”“毛坯”。刀具选取 D10R5 圆柱形球头立铣刀，直线投影参考线选取“螺旋”策略，位置为（0，0，1），余量留 0.5mm，切削深度给到 0.8mm。参考线里定义开始高度为 0.3mm，结束为-114mm，单击“预览”按钮查看刀具路径。刀轴定义为前倾、侧倾均为-15°，方式为“PowerMill 2012 R2”，快进移动类型选取“平面”，“用户坐标系”选取“1”，单击“计算”完成。“切入切出和连接”选项中采用水平圆弧，角度为 90°，半径为 15mm，单击“切入切出相同”按钮。定义主轴转速为 7000r/min，进给速度为 4000mm/min，切削速度为 300mm/min，设定完成后单击“队列”，后台计算刀具路径。直线投影半精加工刀具路径如图 4-10 所示。

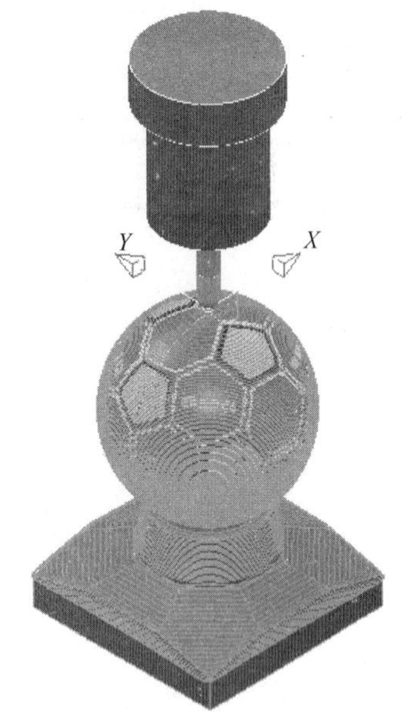

图 4-10　直线投影半精加工刀具路径

第四道工序：

右键单击 D10R5 刀具路径，选取“编辑”，复制刀具路径 D10R5-1，如图 4-11 所示。关闭 D10R5 刀具路径灯泡。右键单击“刀具路径 D10R5-1 激活”，右键单击“刀具路径 D10R5-1 设置”，单击左上角打开表格，编辑刀具路径，将刀具路径名称更改为 D10R5-1。选取刀具为 D10R5，直线投影参考线选取“螺旋”策略，位置为（0，

0，1)，不留余量 0mm，切削宽度给到 0.3mm。定义主轴转速为 7000r/min，进给速度为 3000mm/min，切削速度为 300mm/min，设定完成后单击“队列”，后台计算刀具路径。直线投影精加工刀具路径如图 4-11 所示。

第五道工序：

全部选中足球展示件的沟槽曲面，然后选取精加工策略里的“曲面投影精加工”，命名刀具路径名称为 D2R1，“刀具”选择 D2R1。在曲面投影选项里，曲面单位为“距离”，光顺公差为“0”，角度光顺公差为“5°”，投射方向为“向内”，公差为 0.01mm，余量为 0mm，切削宽度为 0.08mm，参考线方向为“V”，加工顺序为“双向”，开始角为“最小 U 最小 V”，顺序为“无”。刀轴选择点(0，0，-40)，切入切出选择“垂直圆弧”，角度为 50°，半径为 1mm，连接选择为“运动圆形圆弧同时”。设定主轴转速为 12000r/min，进给速度为 3000mm/min，切削速度为 1000mm/min，然后单击“计算”生成如图 4-12 所示铣削沟槽刀具路径。

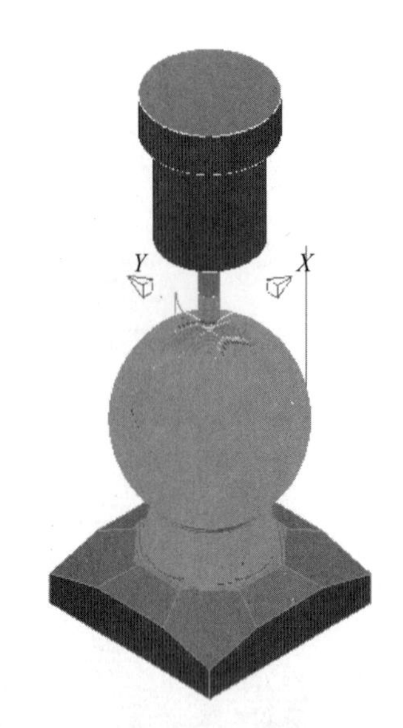

图 4-11　直线投影精加工刀具路径

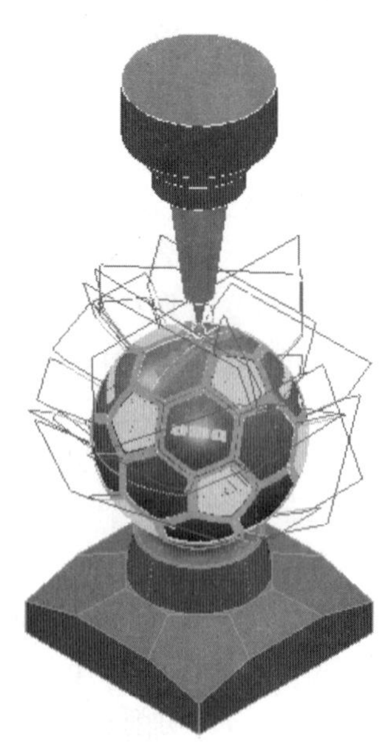

图 4-12　铣削沟槽刀具路径

定义参考线名称为“DELCAM”，然后右键单击参考线“DELCAM”，打开曲线编辑器，拾取图标和字母，单击“接受改变”生成参考线（图 4-13）。单击刀具路径策略里的“镶嵌参考线精加工”，定义“用户坐标系”为“1”，“毛坯”选择“自动计算”，“刀具”选择雕刻刀 D6R0.2，在“镶嵌参考线精加工”里选择参考线“DELCAM”，公差为 0.01mm，余量为-0.05mm，刀轴选择朝向球心点(0，0，-46)，切入、切出选择垂直圆弧角度为 35°，半径为 0.5mm。设定主轴转速为 12000r/min，进给速度为 1000mm/min，切削速度为 1000mm/min，单击“计算”生成 DELCAM 参考线刀具路径（图 4-14）。

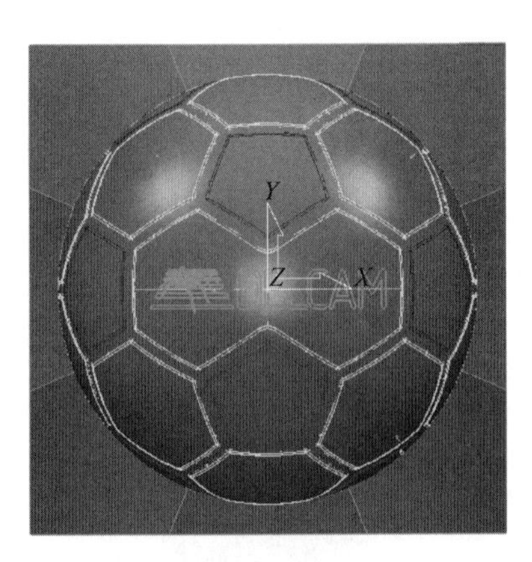

图 4-13　DELCAM 参考线

图 4-14　DELCAM 参考线刀具路径

定义参考线名称为“DMG”，然后右键单击参考线“DMG”，打开曲线编辑器，拾取图标和字母，单击“接受改变”生成参考线（图 4-15）。单击刀具路径策略里的“镶嵌参考线精加工”，定义“用户坐标系”为“1”，“毛坯”选择“自动计算”，“刀具”选择雕刻刀 D6R0.2，镶嵌参考线精加工里选择参考线“DMG”，公差为 0.01mm，余量为 -0.05mm，刀轴选择朝向球心点（0，0，-46），切入、切出选择垂直圆弧角度为 35°，半径为 0.5mm。设定主轴转速为 12000r/min，进给速度为 1000mm/min，切削速度为 1000mm/min，单击“计算”生成 DMG 参考线刀具路径（图 4-16）。

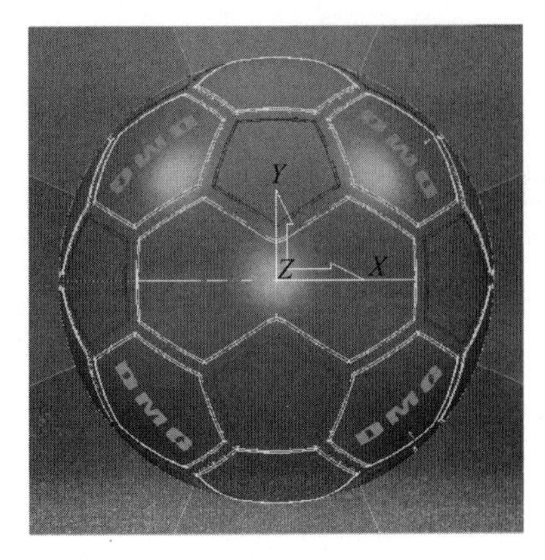

图 4-15　DMG 参考线

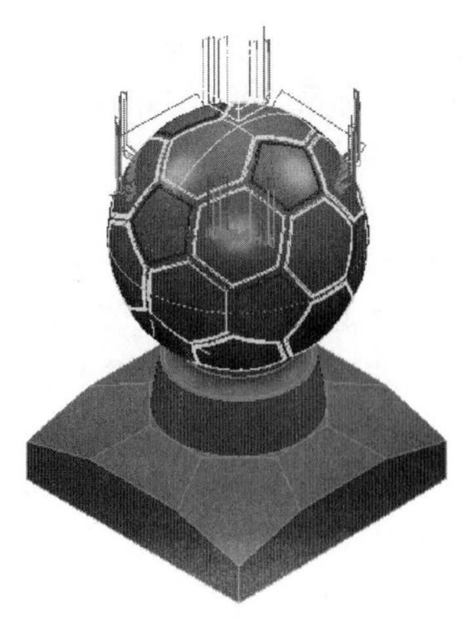

图 4-16　DMG 参考线刀具路径

定义参考线名称为“WL”，然后右键单击参考线“WL”，打开曲线编辑器，拾取图标和字母，单击“接受改变”生成参考线（图 4-17）。单击刀具路径策略里的“镶嵌参考线精加工”，定义用户坐标系为“1”，“毛坯”选择“自动计算”，“刀具”选择雕刻刀 D6R0.2，“镶嵌参考线精加工”里选择参考线“WL”，公差为 0.01mm，余量为-0.2mm，刀轴选择朝向球心点（0，0，-46），切入、切出选择“圆形圆弧同时”。设定主轴转速为 12000r/min，进给速度为 1000mm/min，切削速度为 1000mm/min，单击“计算”生成纹路刀具路径（图 4-18）。

图 4-17 纹路参考线

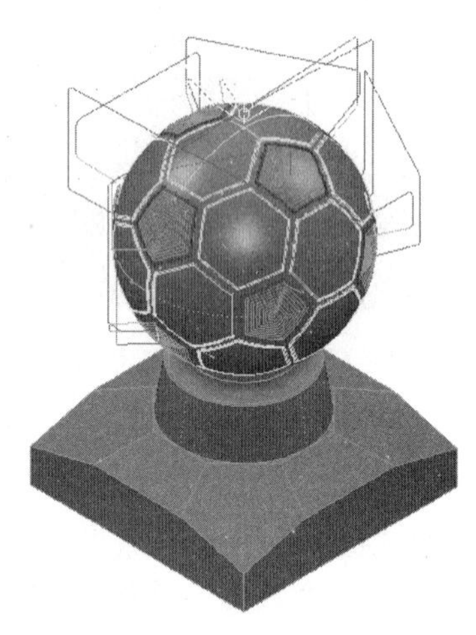

图 4-18 纹路刀具路径

第六道工序：

1. 创建坐标系

在其中的一个空间曲面上产生并定向用户坐标系，用户坐标系对齐于几何形体，创建坐标系“4”，如图 4-19 所示。

2. 创建平行平坦面精加工刀具路径

单击刀具路径策略里的“平行平坦面精加工”，弹出对话框，命名为 D16XM。“用户坐标系”选择“4”，“毛坯”单击需要加工的面，然后单击“计算”生成所需毛坯。“刀具”选择 D16R0.8 立铣刀，切削宽度为 14mm，刀轴方向选择“固定方向”，打开方向输入表格，单击“对齐于几何形体”，然后单击“加工的面上”，单击“接受”按钮，切入、切出选择延伸移动 20mm。设定主轴转速为 3000r/min，进

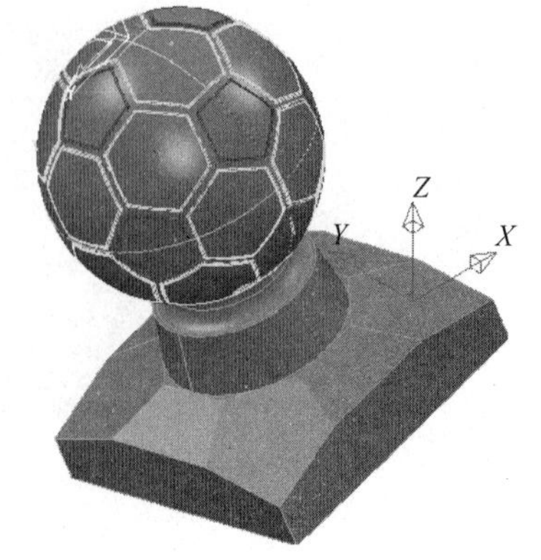

图 4-19 创建坐标系

给速度为 500mm/min，切削速度为 500mm/min，单击“计算”生成刀具路径，如图 4-20 铣削装饰面刀具路径 1 所示。用同样的方法生成刀具路径 XM-D16，如图4-21 铣削装饰面刀具路径 2 所示。

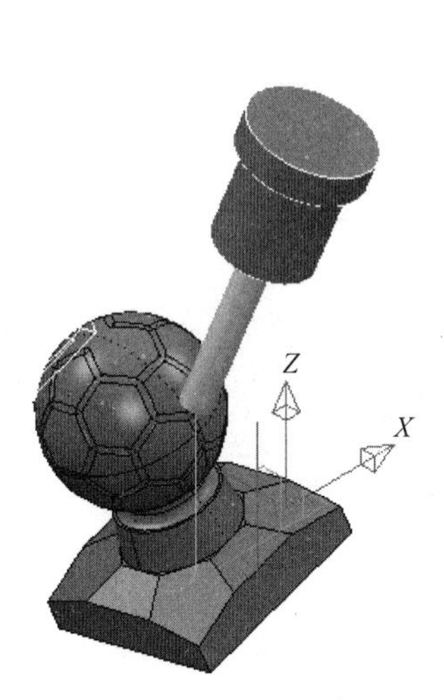

图 4-20　铣削装饰面刀具路径 1

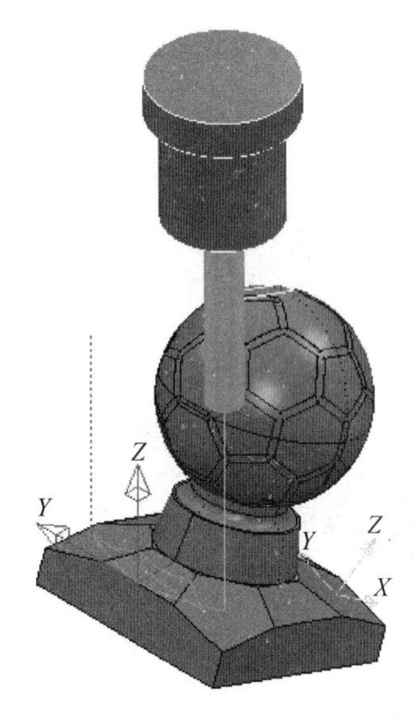

图 4-21　铣削装饰面刀具路径 2

3. 阵列刀具路径

激活 1 号坐标系，单击 *XY* 平面，右键单击“D16XM”，选择“编辑”，选择“变换”，弹出对话框，选取“多重变换”，弹出对话框，选择“圆形”，数值为 4 个，角度为 90°，单击轴再激活坐标系，单击“接受”按钮，如图 4-22 所示。单击“接受改变”按钮。阵列后的刀具路径如图 4-23 所示。

用同样的方法生成另一方向的刀具路径，如图 4-24 所示。

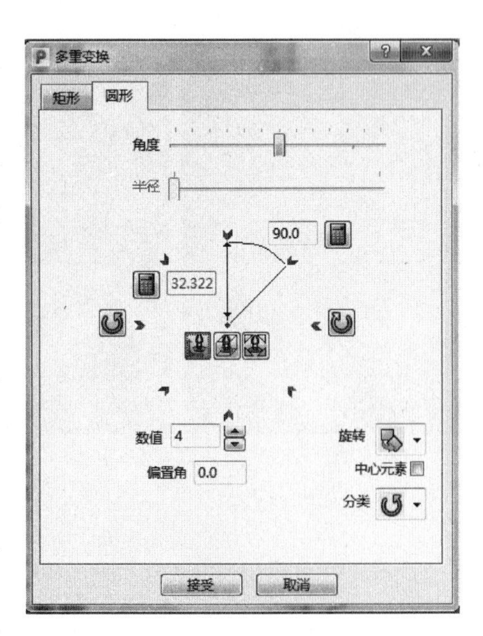

图 4-22　刀具路径变换

（六）刀具路径仿真

鼠标右键单击 D16R0.8，选取“自动开始仿真”，打开 ViewMill，单击“彩虹阴影图像”，然后单击“运行到末端”按钮，开始仿真刀具路径；接着用同样的方法仿真第二条刀具路径，仿真结果如图4-25a 所示。

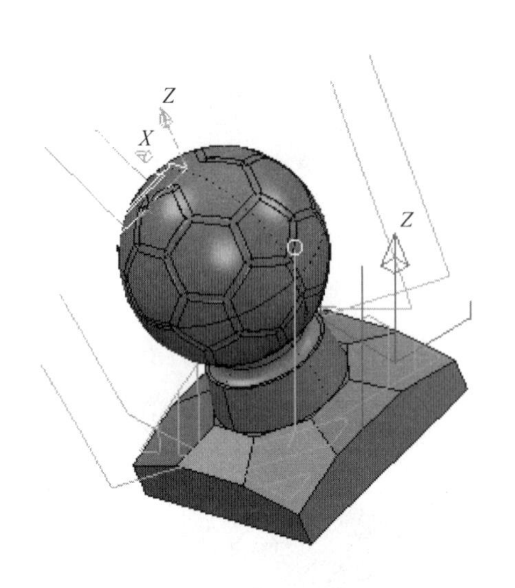

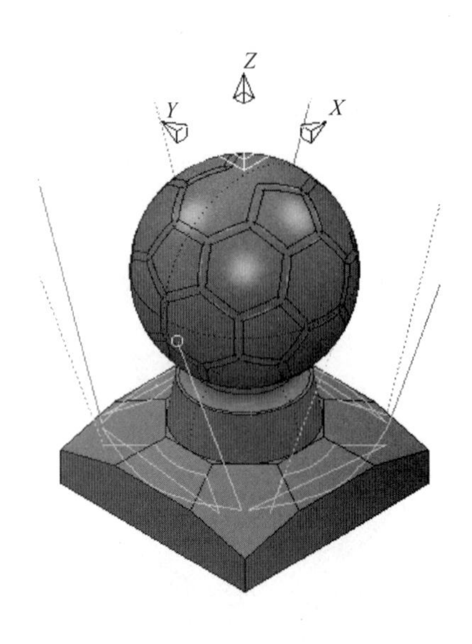

图 4-23　阵列后的刀具路径（一）　　　图 4-24　阵列后的刀具路径（二）

接下来仿真 D10R5 和 D10R5-1 刀具路径，仿真结果如图 4-25b 所示。最后仿真剩余刀具路径，仿真结果如图 4-25c 所示。

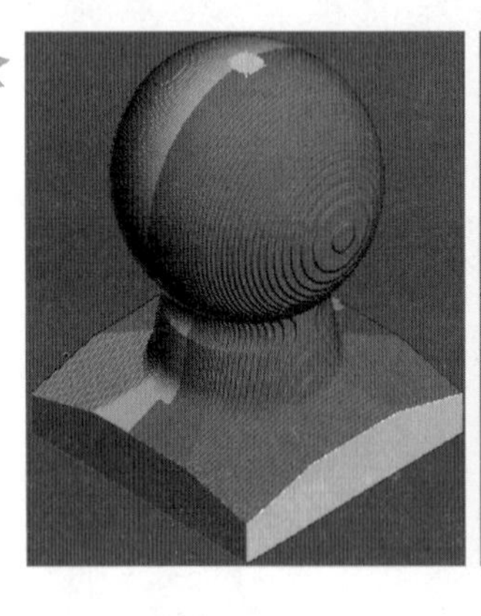

a)

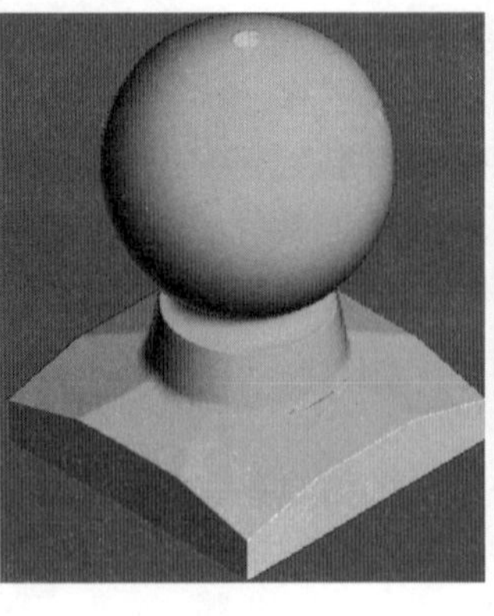

b)

c)

图 4-25　刀具路径仿真示意图

（七）后置处理

鼠标右键单击“数控程序”，选取“参数选择”按钮，弹出“NC 参数选择”

对话框，定义输出文件夹路径，输出文件夹扩展名称，选取“机床选项文件”为后置处理文件，选取“输出用户坐标系”，单击“关闭”。

后置处理参数设定好后，右键单击“刀具路径”，选取“产生独立的数控程序”，在数控程序里产生了 5 条程序文件，右键单击“数控程序”，选取“全部写入”，开始进行后置处理，生成数控代码。后置处理成功后图标变为绿色，数控程序在程序文件夹中可以找到。

六、加工过程

（一）准备工作

（1）备料　毛坯采用 2A12-T4 铝合金，尺寸为 100mm×100mm×141mm，在工件的底面分度圆上加工 4×M8↧15 的螺纹孔，保证这 4 个 M8 螺纹孔分度圆与毛坯外圆同轴。毛坯表面粗糙度值为 *Ra*1. 6μm。

（2）准备刀具　直径 ϕ16mm 的立铣刀（D16R0. 8）、直径 ϕ10mm 的圆柱形球头立铣刀（D10R5）、直径 ϕ2mm 的圆柱形球头立铣刀（D2R1）、直径 ϕ1mm 的圆柱形球头立铣刀（D1R0. 5）、直径 ϕ6mm 的雕刻刀（D6R0. 2）。

（3）其他工具　自制夹具（详见第 2 章图 2-18）。

（二）找正和装夹工件

找正和装夹工件同第 2 章（图 2-19）。

（三）确定工件坐标系和对刀

该工件加工原点的 *X* 轴、*Y* 轴坐标由回转工作台中心位置确定，Z0 位置在工件的上表面。利用机床雷尼绍测头将工件坐标系原点输入到机床坐标系中。五轴联动数控机床的对刀是将每把刀具装在机床刀库里，然后在工件的 Z0 表面上对好刀，最后输入到刀具表的刀具长度参数地址。

（四）加工

加工是由机床按照编制好的加工程序自动执行的，同普通数控铣床的加工没有区别，只需要按顺序更换刀具和调用程序，再执行程序即可。

加工过程中，可根据加工的实际情况，适当调整加工时主轴转速和进给速度的倍率。

七、技术点评

1）在粗加工时，为了减少刀具的轴向进给，编程时采用斜向进给的方式，角度定义为 2°，高度定义为切削深度的数值，这样减少了轴向进给时大的进给力，使切削平稳。

2）在铣削装饰面时，粗加工要给精加工留 0. 3mm 的加工余量，保证精加工的面余量均匀。

3）用小直径的刀具加工时，切削速度务必合理，避免刀具在切削过程中折断。

4）球形零件编程时，设定刀轴朝向球心，使足球展示件在加工下方时切削纹路清晰可辨。

第5章 叶盘零件的加工解析

一、图样技术要求及毛坯

叶盘的 3D 图如图 5-1 所示。

叶盘的毛坯图如图 5-2 所示。毛坯尺寸 ϕ65mm，外形采用数控车床加工，材料为航空铝。毛坯表面粗糙度值为 Ra1. 6μm。

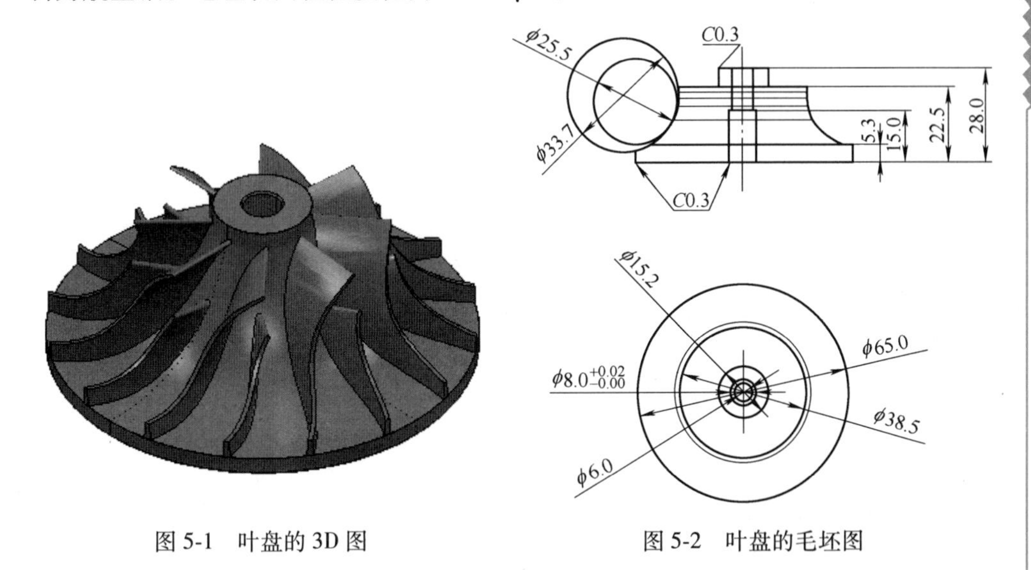

图 5-1　叶盘的 3D 图

图 5-2　叶盘的毛坯图

二、图样分析

叶盘是在五轴联动数控机床上进行加工的。因为叶盘由若干个片体构成，表面粗糙度直接影响加工零件的美观性，所以表面粗糙度值要求全部不大于 Ra1. 6μm。叶盘的造型曲面务必规范，模型的质量直接影响软件计算刀具路径和加工质量，所以编程前务必检查模型是否符合要求，这一点不容忽视。

三、工艺分析

叶轮直径为 ϕ65mm 加工过程可分为：粗加工、精加工左叶片和分流叶片、精加工轮毂。

（一）确定定位基准

工件坐标系选择在叶盘的顶部中心，即 X、Y 选择在工件的中心、Z 选择在毛坯上端面。

（二）加工难点

1）叶盘各部位在软件层和组合中的设置。

2）叶盘模型的绘制，叶盘的套和轮毂务必高于叶片 Z 向高度。

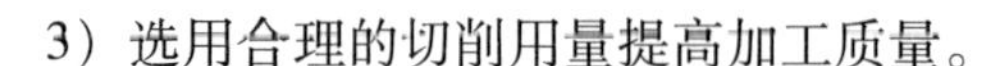

3）选用合理的切削用量提高加工质量。

（三）刀具干涉检查

定义刀具时，设计好安装的刀柄形状。通过仿真检查刀具是否干涉。

（四）重点编程功能

1）叶盘区域清除。

2）叶片区域精加工。

3）轮毂精加工。

4）叶轮的部位层设置。

（五）工艺方案

通过3D模型的分析，在工艺分析的基础上，从实际出发制订工艺方案。通过工件的几何形状分析，3道工序完成工件的全部加工内容。加工顺序为：

第一道工序：叶盘区域清除，为精加工留余量0.2mm。

第二道工序：精加工左叶片、精加工分流叶片。

第三道工序：轮毂精加工。

（六）确定程序设计思路

第一道工序：利用叶盘区域清除，采用小切削深度、大进给方式加工。

第二道工序：精加工左叶片、分流叶片，提高工件表面的质量。

第三道工序：精加工轮毂，提高工件表面的质量。

注：叶盘区域清除采用粗加工加工效率较高，在此不再赘述。

四、加工工艺卡片

序号	工步	刀具名称	规格/mm	主轴转速/(r/min)	进给速度/(mm/min)	切削宽度/mm	切削深度/mm	坐标系
1	叶盘区域清除	圆锥形球头立铣刀	D3R1.5（ϕ3mm）	8000	3000	1	1	1
2	精加工左叶片		D3R1.5（ϕ3mm）	20000		0	0.3	
	精加工分流叶片		D3R1.5（ϕ3mm）			0	0.3	
3	精加工轮毂		D3R1.5（ϕ3mm）			0.5	0.2	

五、编写加工程序步骤

叶盘加工比较复杂，其复杂性主要体现在加工程序的编制上，因此应首先明确在利用 CAM 软件生成加工程序这项工作中需要做什么，然后再一步一步地实施。

首先确定用 PowerMill 2017 软件叶盘模块编程。编程的步骤为：先导入 3D 模型、建立工件坐标系、选择加工刀具及加工方法，再进行加工操作，设定好加工参数，最后生成加工刀具路径。

（一）导入几何体

导入叶盘几何体到编程软件，如图 5-3 所示。

（二）创建毛坯

毛坯采用 ϕ65mm 的航空铝，锁定世界坐标系。

（三）建立工件坐标系

根据加工方法建立工件坐标系。建立一个坐标系“1”，如图 5-4 所示。

图 5-3　导入叶盘几何体

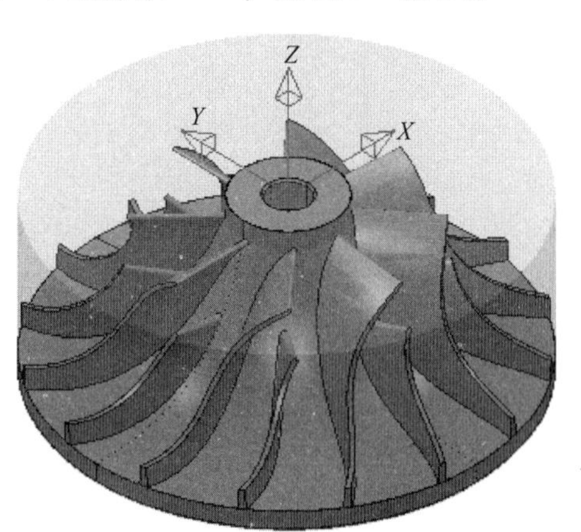

图 5-4　建立工件坐标系

（四）创建加工刀具

加工叶盘只需 1 把刀具：直径 ϕ3mm 的圆锥形球头立铣刀（D3R1. 5）。

（五）创建加工刀具路径

叶盘加工应先定义图层，把左叶片、右叶片、分流叶片、轮毂、套和倒角分别放入不同的图层（本例倒角省略），如图 5-5 所示。定义图层时不要弄错，否则不能计算刀具路径，套和轮毂的高度务必大于叶片的 Z 向高度。

建立 left 图层、right 图层、splitter_ new 图层、rest blades 图层、hub 图层、General 图层。例如左键选中左叶片，然后右键单击获取已选模型几何体，建立左叶片图层，如图 5-6 所示。其余图层建立方法相同。

第一道工序：

叶盘区域清除：激活坐标系“1”，激活 ϕ3mm 的圆锥形球头立铣刀，选择

“叶盘区域清除”模式，打开对话框，设定刀具路径名称为 ZQTD-1，如图 5-7 所示。

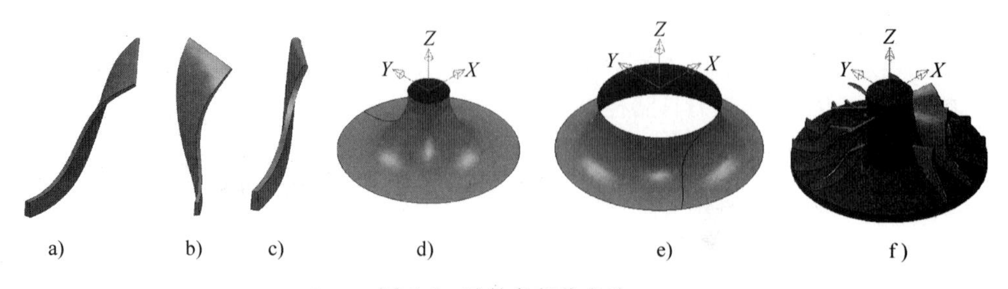

图 5-5　叶轮各部位名称

a）左叶片　b）右叶片　c）分流叶片　d）轮毂　e）套　f）剩余部位

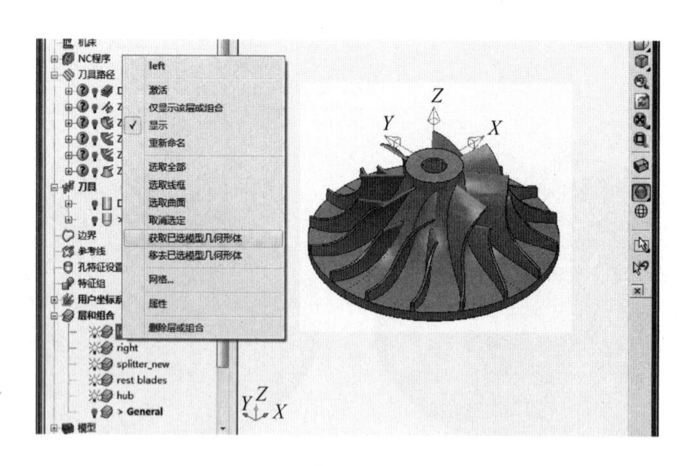

图 5-6　建立左叶片图层

单击对话框中的“用户坐标系”，确认是坐标系“1”。单击对话框中的“毛坯”，确认是命名的用户坐标系“1”，单击“计算”，计算毛坯。单击“刀具”，确认是圆锥形球头立铣刀。“机床”和“限界”两项不用设置。单击“叶盘区域清除”，左叶片 left、右叶片 right、分流叶片 splitter_ new、轮毂 hub、套 General，加工为全部叶片。单击“计算”总数显示为“8”，选取余量为 0. 2mm，切削宽度为 1mm，下切步距为 1mm。单击“刀轴仰角”，选定径向矢量，角度为 15°。单击“加工”选项，切削方向选择“任意”，偏置选择“合并”，方法选择“平行”，排序方式选择“区域”。单击“刀轴”，选取“自动”。单击“快进移动”，选择“平面类型”，用户坐标系“1”，单击“计算”来设定快进移动位置。单击“切入切出和连接”的“切入”选项，在第一选择中选取“曲面法向圆弧”，设定线性移动为 2mm，角度为 20°，半径为 2mm，然后单击“切入切出相同”复制到切出。单击“连接”，第一选择为“直接连接”，第二选择为“圆形圆弧”，默

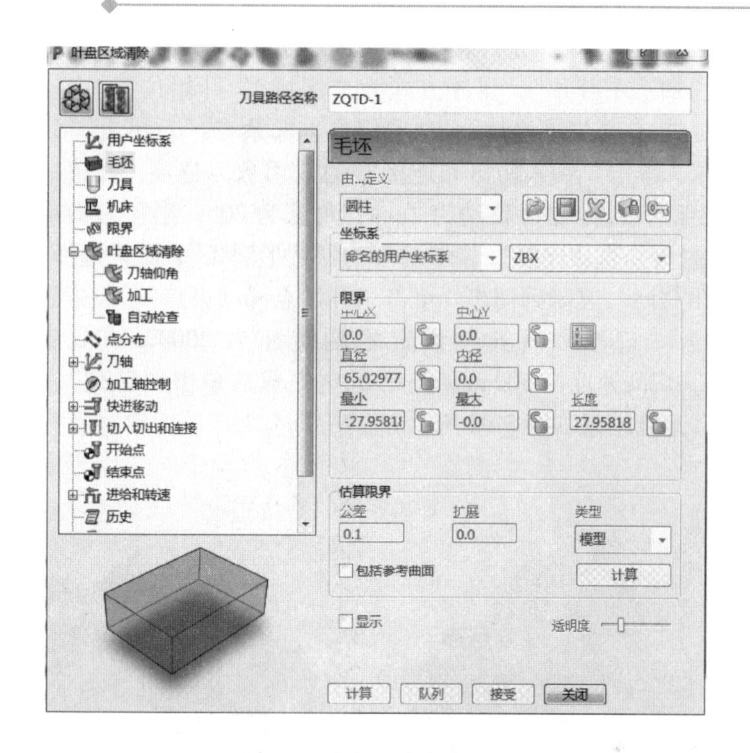

图 5-7　叶盘区域清除设置

认选择“掠过”。单击“开始点和结束点”，设定为毛坯中心安全高度。单击“进给和转速”设定主轴转速为 8000r/min，进给速度为 3000mm/min，切削速度为 500mm/min，设定完成后单击“队列”，进入后台运算刀具路径，运算结果如图 5-8 所示。

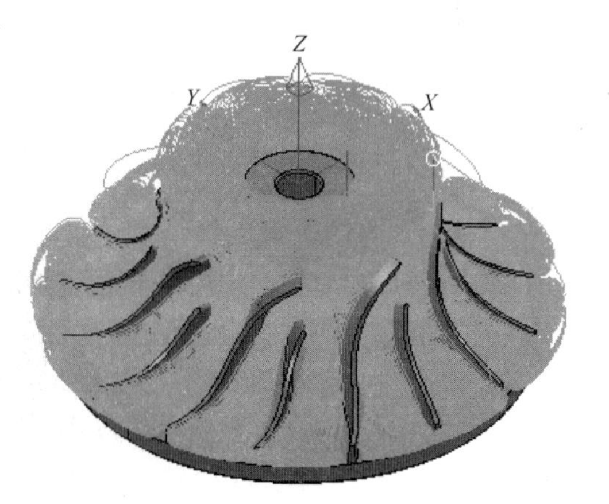

图 5-8　叶盘粗加工刀具路径

第二道工序：

（1）精加工左叶片　单击对话框中的“用户坐标系”，确认是坐标系“1”；单击对话框中的“毛坯”，确认是命名的用户坐标系“1”，单击“计算”，计算毛坯。单击“刀具”，确认是圆锥形球头立铣刀。“机床”和“限界”两项不用设置。单击“叶片精加工”，左叶片 left、右叶片 right、分流叶片 splitter_new、轮毂 hub、套 General，加工为全部叶片，单击“计算”总数显示为“8”，选取余量为 0mm，下切步距为 0. 2mm。单击“刀轴仰角”，设定为

“径向矢量”，角度为15°，加工切削方向定义为“顺铣”，偏置定义为“合并”，操作定义为“加工左叶片”，排序方式为“区域”，开始位置为“底部”，选择“螺旋方式”。单击“快进移动”，选取用户坐标系“1”，单击“计算”来设定快进移动位置。单击“切入切出和连接”的“切入”选项，在第一选择中选取“曲面法向圆弧”，设定线性移动为2mm，角度为20°，半径为2mm。单击“连接”，第一选择为“直接连接”，第二选择为“圆形圆弧”，默认选择“掠过”，单击“切入切出相同”复制到切出。单击“开始点和结束点”，设定为毛坯中心安全高度。单击“进给和转速”设定主轴转速为20000r/min，进给速度为3000mm/min，切削速度为500mm/min，设定完成后单击“队列”，进入后台运算刀具路径，运算结果如图5-9a所示。

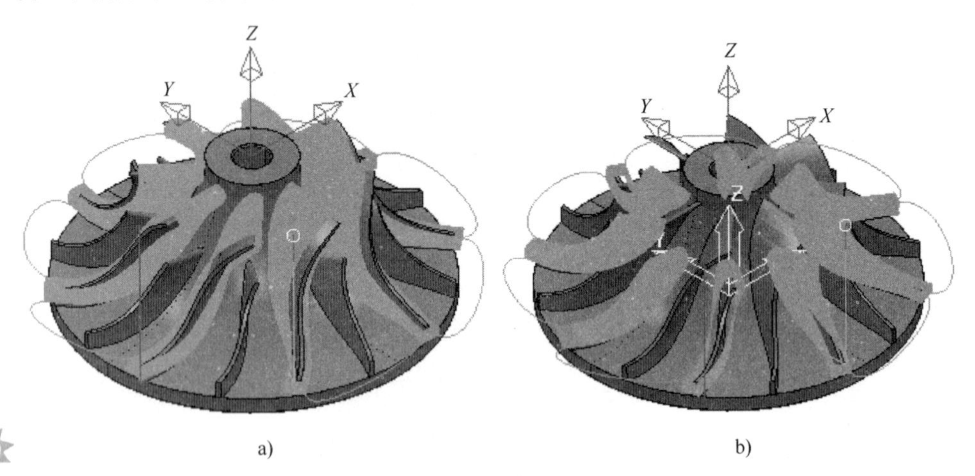

图5-9　叶片精加工刀具路径

（2）精加工分流叶片　单击对话框中的“用户坐标系”，确认是坐标系“1”。单击对话框中的“毛坯”，确认是命名的用户坐标系“1”，单击“计算”，计算毛坯。单击“刀具”，确认是锥度球头立铣刀。“机床”和“限界”两项不用设置。单击“叶片精加工”，左叶片left、右叶片right、分流叶片splitter_new、轮毂hub、套General，加工为全部叶片，单击“计算”总数显示为“8”，选取余量为0mm，下切步距为0.2mm。单击“刀轴仰角”，设定为“径向矢量”，角度为15°，加工切削方向定义为“顺铣”，偏置定义为“合并”，操作定义为“加工分流叶片”，排序方式为“区域”，开始位置为“底部”，单击“螺旋方式”。单击“快进移动”，选取用户坐标系“1”，单击“计算”来设定快进移动位置。单击“切入切出和连接”的“切入”选项，在第一选择中选取“曲面法向圆弧”，设定线性移动为2mm，角度为20°，半径为2mm。单击“连接”，第一选择为“直接连接”，第二选择为“圆形圆弧”，默认选择“掠过”，单击“切入切出相同”复制到切出。单击“开始点和结束点”，设定为毛坯中心安全高度。单击“进给和转速”设定主轴转速为20000r/min，进给速度为3000mm/min，切削速度为500mm/min，设定完成后单击“队列”，进入后台运算刀具路径，运算结果如图5-9b所示。

第三道工序：

单击对话框中的“用户坐标系”，确认是坐标系“1”。单击对话框中的“毛坯”，确认是命名的用户坐标系“1”，单击“计算”，计算毛坯。单击“刀具”，确认是锥度球头立铣刀。“机床”和“限界”两项不用设置。单击“轮毂精加工”，左叶片left、右叶片right、分流叶片splitter_new、轮毂hub、套General，加工为全部叶片，单击“计算”总数显示为“8”，选取余量为0mm，切削宽度为0.5mm；单击“刀轴仰角”，设定为“径向矢量”，角度为15°，加工切削方向定义为“顺铣”。单击“刀轴”选择“自动”，单击“快进移动”，“用户坐标系”定义为“1”，单击“计算”来设定快进移动位置。单击“切入切出和连接”的“切入”选项，在第一选择中选取“曲面法向圆弧”，设定线性移动为2mm，角度为20°，半径为2mm。单击“连接”，第一选择为“直接连接”，第二选择为“圆形圆弧”，默认选择“掠过”，然后单击“切入切出相同”复制到切出。单击“开始点和结束点”，设定为毛坯中心安全高度。单击“进给和转速”设定主轴转速为20000r/min，进给速度为3000mm/min，切削速度为500mm/min，设定完成后单击“队列”，进入后台运算刀具路径，运算结果如图5-10所示。

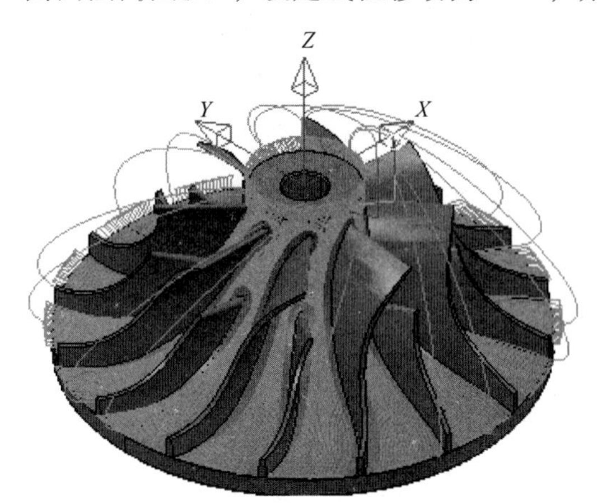

图5-10　直线投影精加工刀具路径

（六）刀具路径仿真

鼠标右键单击ZQTD-1，选取“自动开始仿真”，打开ViewMill，单击“彩虹阴影图像”，然后单击“运行到末端”按钮，开始仿真刀具路径，仿真结果如图5-11a所示。

然后用同样的方法来仿真ZQTD-2和ZQTD-3刀具路径，仿真结果如图5-11b、c所示。最后仿真ZQTD-4刀具路径，仿真结果如图5-11d所示。

（七）后置处理

鼠标右键单击数控程序，选取“参数选择”按钮，弹出“NC参数选择”对话框，定义输出文件夹路径，输出文件夹扩展名称，选取“机床选项文件”为后置处理文件，选取“输出用户坐标系”，单击“关闭”。

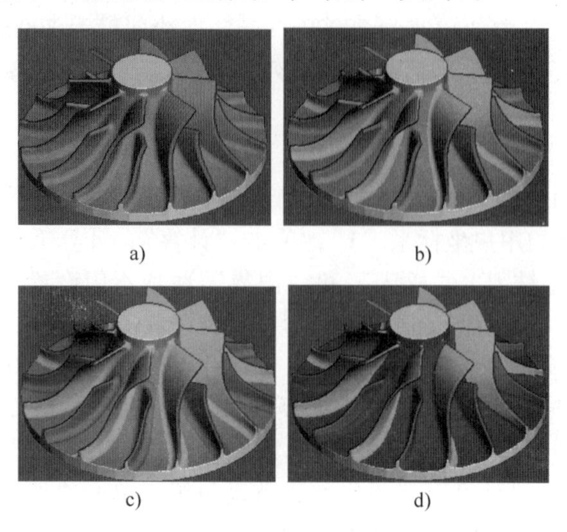

a) b)

c) d)

图 5-11 刀具路径仿真示意图

程序合并，右键单击 ZQTD-1，接着单击“产生独立的数控程序”，然后单击数控程序里的 ZQTD-1，再单击“激活”，最后在刀具路径里选中 ZQTD-2 ~ ZQTD-4 并右键单击“增加到数控程序”。此操作可将 ZQTD-1 ~ ZQTD-4 合并为一个程序输出，应注意合并刀具路径时的先后顺序。

后置处理参数设定好后，右键单击“刀具路径”，选取“产生独立的数控程序”，在数控程序里产生了 1 条程序文件，右键单击数控程序，选取“全部写入”，开始进行后置处理，生成数控代码。后置处理成功后图标变为绿色，数控程序在程序文件夹中可以找到。

六、加工过程

（一）准备工作

（1）备料 毛坯采用航空铝，外形如图 5-2 所示。

（2）准备刀具 ϕ3mm 的圆锥形球头立铣刀。

（3）其他工具 自制夹具。如图 5-12 所示，上面加工一个长 $\phi10_{-0.02}^{0}$mm 的销，与叶轮中心孔小间隙配合，销的中心留有 M6$\overline{\text{▼}}$20，用作锁紧。

（二）找正和装夹工件

夹具底部中心的销与回转工作台中心孔采用小间隙配合，用 4 个 M12 内六角圆柱头螺钉配合 T 形块锁紧在回转工作台上，保证夹具的上外圆与回转工作台中心孔同轴度公差为 ϕ0.02mm。将毛坯用 4 个 M8 内六角圆柱头螺钉固定在夹具上，示意图如图 5-13 所示。

图 5-12　自制夹具锁紧在回转工作台上

图 5-13　毛坯、夹具装夹示意图

（三）确定工件坐标系和对刀

本工件加工原点的 X 轴、Y 轴坐标由回转工作台中心位置确定，Z0 位置在工件的上表面。利用机床雷尼绍测头将工件坐标系原点输入到机床坐标系中。五轴联动数控机床的对刀是将每把刀具装在机床刀库里，然后在工件的 Z0 表面上对好刀长，最后输入到刀具表的刀具长度参数地址。

（四）加工

加工是由机床按照编制好的加工程序自动执行，同普通数控铣床的加工没有区别，只需要按顺序更换刀具和调用程序，再执行程序即可。

加工过程中，可根据加工的实际情况，适当调整加工时主轴转速和进给速度的倍率。

七、技术点评

1）多轴零件在加工前务必进行仿真操作，查看刀具路径有无过切和碰撞现象。

2）在编程过程中，务必注意程序之间的连接，杜绝碰撞现象。

3）用小直径的刀具加工时，切削速度务必合理，采用高主轴转速、小切削深度、大进给的策略，避免刀具在切削过程中折断。

第6章 茶壶的加工解析

一、图样技术要求及毛坯

茶壶 2D 示意图如图 6-1 所示，茶壶 3D 图如图 6-2 所示。茶壶的造型方法在此不再赘述。

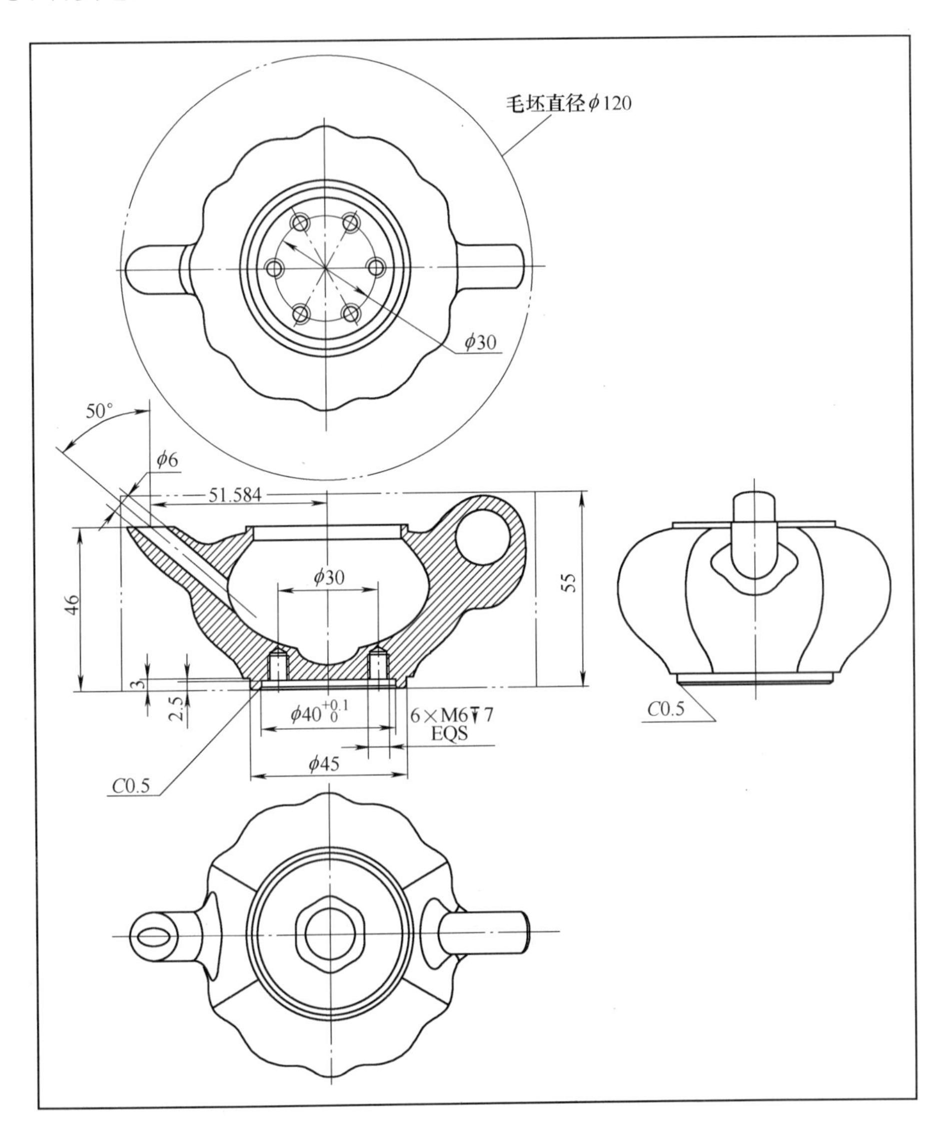

图 6-1　茶壶 2D 示意图

茶壶的毛坯采用 ϕ120mm×55mm 的 2A12 铝合金，工件外形表面粗糙度值为 Ra3. 2μm。

二、图样分析

茶壶属于异形曲面零件，加工时需要接刀。采用五轴一次装夹加工外形，底面第二次装夹三轴进行加工。

三、工艺分析

图 6-2 茶壶 3D 图

茶壶属于薄壁零件，加工时采用先粗加工上面→右面→左面；然后精加工右面→左面→上面；茶壶嘴处采用先钻孔再铣削的加工方法。为了保证加工后的表面粗糙度，茶壶在加工时应采用粗加工→半精加工→精加工的工艺方案。为了方便，在此采用半精加工和精加工合二为一的方式。

（一）确定定位基准

工件坐标系选择在茶壶的毛坯顶部中心，即 *X*、*Y* 选择在工件的回转中心、*Z* 选择在茶壶上端面上 2mm。

（二）加工难点

1）CAM 软件的编程。

2）茶壶刀路的工艺安排。

3）选用合理的加工工艺来提高工件的表面质量。

（三）刀具干涉检查

定义刀具时，设计好安装的刀柄形状。通过仿真检查刀具是否干涉。

（四）重点编程功能

1）模型区域清除。

2）平行精加工。

3）刀具路径裁剪。

4）平行平坦面精加工。

5）Swarf 精加工。

6）钻孔加工。

7）模拟仿真。

（五）工艺方案

通过 3D 模型的分析，在工艺分析的基础上，从实际出发制订工艺方案。通过工件的几何形状分析，13 道工序完成工件的全部加工内容。加工顺序为：

第一道工序：上面粗加工，去除余量。

第二道工序：定向右侧粗加工，去除右侧底部余量。
第三道工序：定向左侧粗加工，去除左侧底部余量。
第四道工序：定向右侧精加工。
第五道工序：定向左侧精加工。
第六道工序：精加工茶壶内腔部分。
第七道工序：精加工茶壶口上表面部分。
第八道工序：精加工茶壶口上表面曲面部分。
第九道工序：精加工茶壶口内侧垂直面部分。
第十道工序：茶壶嘴钻孔加工。
第十一道工序：茶壶嘴上平面精加工。
第十二道工序：茶壶嘴上圆弧面精加工。
第十三道工序：茶壶嘴流道面精加工。

（六）确定程序设计思路

通过3D模型的分析，在工艺分析的基础上，从实际出发制订工艺方案。通过工件的几何形状分析，13道工序完成工件的全部加工内容。加工顺序为：
第一道工序：粗加工上面，去除余量，外形粗加工到底面部分。
第二道工序：定向右侧粗加工，去除右侧未加工到部分余量。
第三道工序：定向左侧粗加工，去除左侧未加工到部分余量。
第四道工序：定向右侧曲面精加工，获得较高表面粗糙度。
第五道工序：定向左侧曲面精加工，获得较高表面粗糙度。
第六道工序：精加工茶壶内腔曲面部分，加工时注意排屑问题。
第七道工序：精加工茶壶口上表面平面部分，获得较高表面粗糙度。
第八道工序：精加工茶壶口上表面曲面部分，获得较高表面粗糙度。
第九道工序：精加工茶壶口内侧垂直面部分，获得较高表面粗糙度。
第十道工序：茶壶嘴钻孔加工，为下一步曲面铣削做好工艺孔。
第十一道工序：茶壶嘴上平面精加工，获得较高表面粗糙度。
第十二道工序：茶壶嘴上圆弧面精加工，获得较高表面粗糙度。
第十三道工序：茶壶嘴流道面精加工，获得较高表面粗糙度。

四、加工工艺卡片

序号	工步	刀具名称	规格	主轴转速/(r/min)	进给速度/(mm/min)	切削宽度/mm	切削深度/mm	坐标系
1	上面粗加工	圆角铣刀	D25R5（ϕ25mm×15mm×110mm）	3500	2500	18	2	1

（续）

序号	工步	刀具名称	规格	主轴转速/(r/min)	进给速度/(mm/min)	切削宽度/mm	切削深度/mm	坐标系
2	右侧粗加工	圆角铣刀	D25R5（ϕ25mm×15mm×110mm）	3500	2500	18	2	2
3	左侧粗加工	圆角铣刀	D25R5（ϕ25mm×15mm×110mm）	3500	2500	18	2	3
4	右侧精加工	圆柱形球头立铣刀	D10R5（ϕ10mm）	8000	4000	0.2		2
5	左侧精加工	圆柱形球头立铣刀	D10R5（ϕ10mm）	8000	4000	0.2		3
6	内腔精加工	圆柱形球头立铣刀	D10R5（ϕ10mm）	8000	4000	0.2		1
7	壶口上表面精加工	立铣刀	D10（ϕ10mm）	8000	3000	8		1
8	壶口曲面部分精加工	圆柱形球头立铣刀	D10R5（ϕ10mm）	8000	4000	0.2		1
9	壶口垂直面部分精加工	立铣刀	D10（ϕ10mm）	8000	3000	5		1
10	壶嘴钻孔	麻花钻	Z6（ϕ6mm）	2000	300			1
11	壶嘴上表面精加工	立铣刀	D10（ϕ10mm）	8000	3000	5		4
12	壶嘴上圆弧面精加工	圆柱形球头立铣刀	D4R2（ϕ4mm）	8000	4000	0.2		4
13	壶嘴流道面精加工	圆柱形球头立铣刀	D4R2（ϕ4mm）	8000	4000	0.2		5

五、编写加工程序步骤

茶壶加工比较复杂，其复杂性主要体现在加工程序的编制上，因此应首先明确在利用 CAM 软件生成加工程序这项工作中需要做什么，然后再一步一步地实施。

用 PowerMill 2017 软件来编程，编程的步骤为：先导入 3D 模型、建立工件坐标系、选择加工刀具及加工方法，再进行加工操作，设定好加工参数，最后生成加工刀具路径。

（一）导入几何体

导入茶壶几何体到编程软件，如图 6-3 所示。

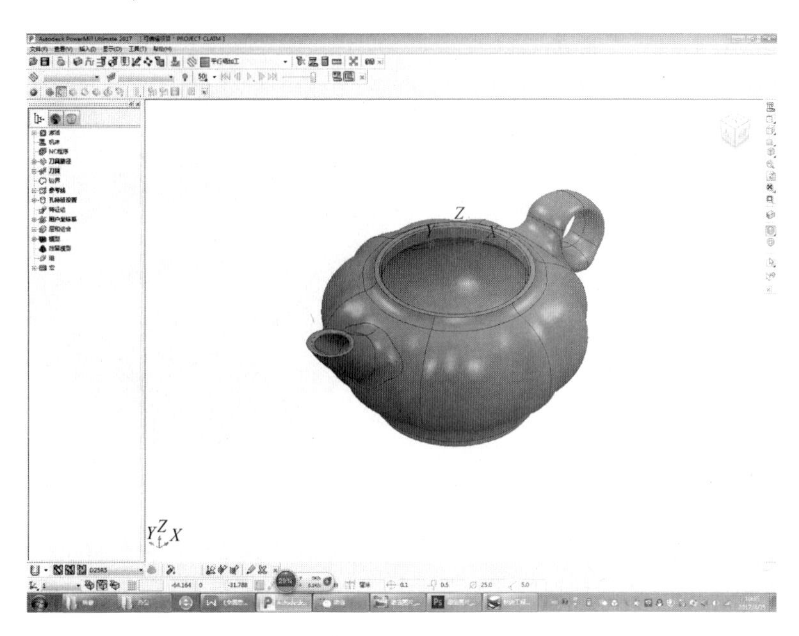

图 6-3　导入茶壶几何体

（二）创建毛坯

建立加工所用毛坯，尺寸为 ϕ120mm×55mm，锁定坐标系“1”，如图 6-4 所示。

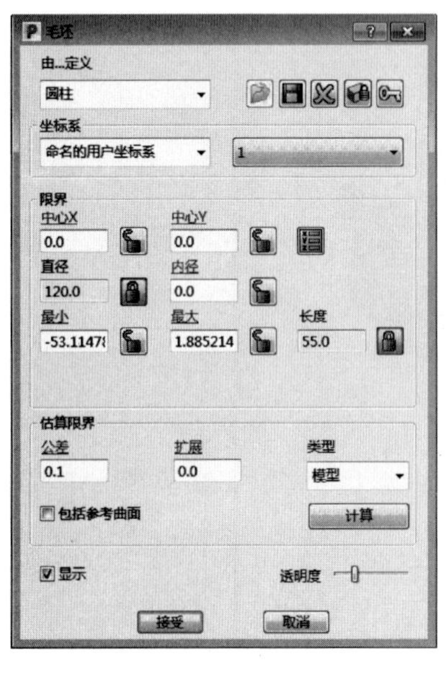

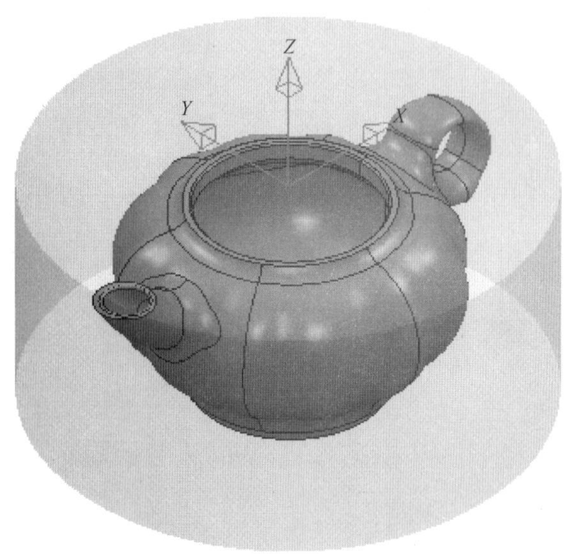

图 6-4　创建毛坯

（三）建立工件坐标系

根据加工方法建立工件坐标系：上面粗加工，建立坐标系“1”；右侧粗加工，建立坐标系“2”；左侧粗加工，建立坐标系“3”；加工壶嘴建立坐标系“4”；钻孔和铣削壶嘴流道建立坐标系“5”（图 6-5）。

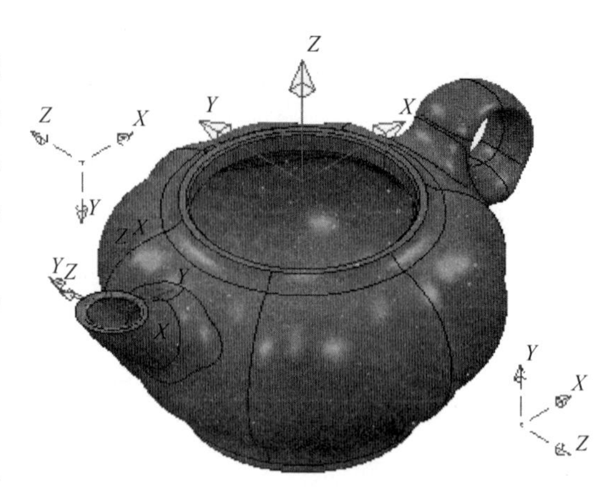

图 6-5　建立工件坐标系

（四）创建加工刀具

加工茶壶需要用到 5 把刀具：直径 ϕ25mm 的圆角铣刀（D25R5）、直径 ϕ10mm 的圆柱形球头立铣刀（D10R5）、直径 ϕ10mm 的立铣刀（D10）、直径 ϕ6mm 的麻花钻（Z6）、直径 ϕ4mm 的圆柱形球头立铣刀（D4R2）（图 6-6）。

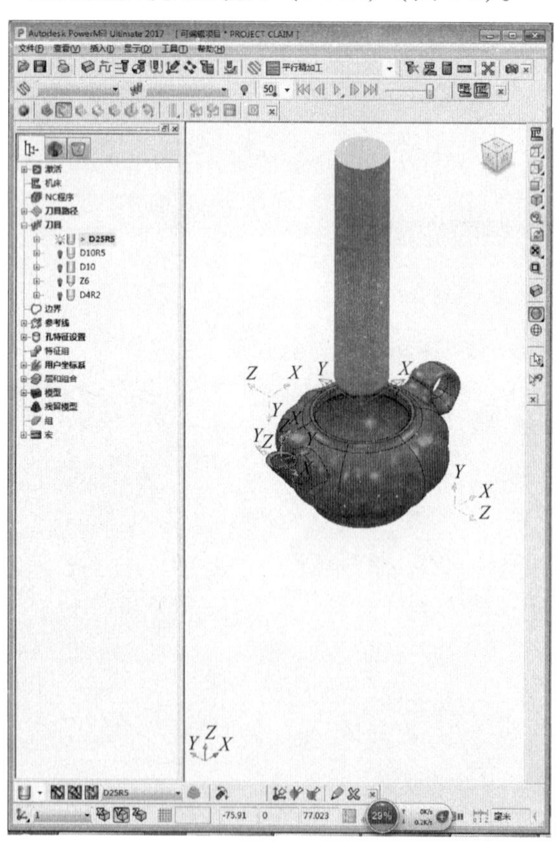

图 6-6　创建加工刀具

（五）创建加工刀具路径

第一道工序：上面粗加工

激活坐标系“1”，激活圆角铣刀 D25R5，选择“模型区域清除”模式，打开对话框，设定刀具路径名称为 D25R5，如图 6-7 所示。

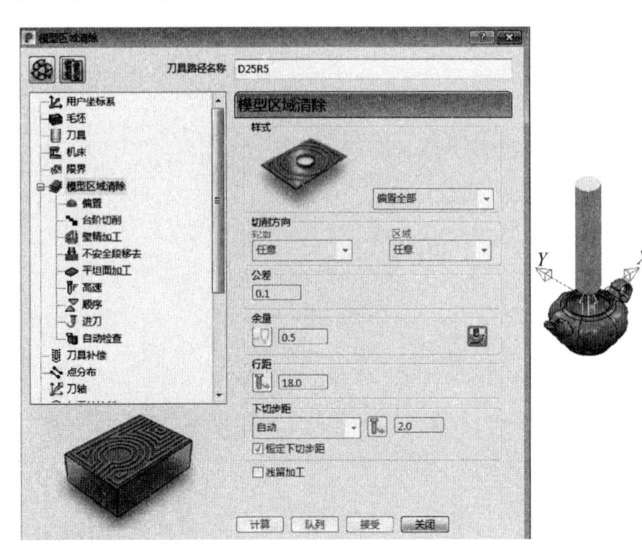

图 6-7　模型区域清除

单击对话框中的“用户坐标系”，确认是坐标系“1”。单击对话框中的“毛坯”，确认是坐标系“1”定义的毛坯。单击“刀具”，确认是圆角铣刀 D25R5。“机床”和“限界”，不用设置。单击“模型区域清除”，选取切削方向均为“任意”，余量为 0.5mm，切削宽度为 18mm，切削深度为自动 2mm，恒定下切步距。单击“快进移动”，选择平面类型，用户坐标系“2”，单击“计算”来设定快进移动位置。单击“切入切出和连接”的“切入”选项，在第一选择中选取“斜向”，单击下边图标弹出“斜向切入选项”对话框，设定最大左斜角为 2°，高度为 2mm，单击“开始点和结束点”，设定为毛坯中心安全高度。设定主轴转速为 3500r/min，进给速度为 2500mm/min，切削速度为 300mm/min，设定完成后单击“队列”，进入后台运算刀具路径，运算结果如图 6-8 所示。

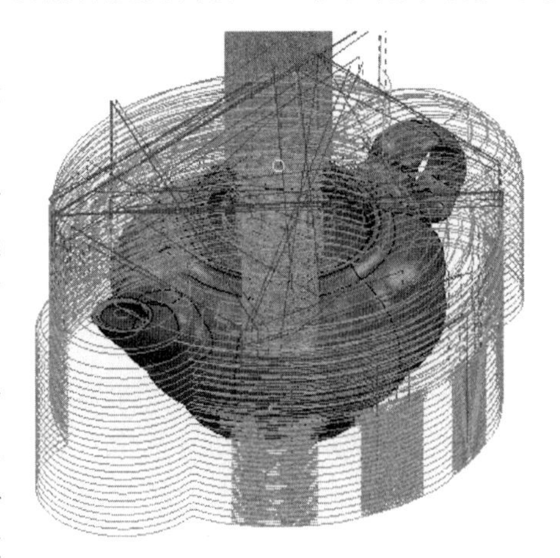

图 6-8　上面粗加工刀具路径

第二道工序：右侧粗加工

激活坐标系“2”，定义边界为毛坯边界，用第一道工序的方法得到加工右侧部分的加工刀具路径，刀具路径名称为D25R5-1。右侧粗加工的完整刀具路径如图 6-9 所示。

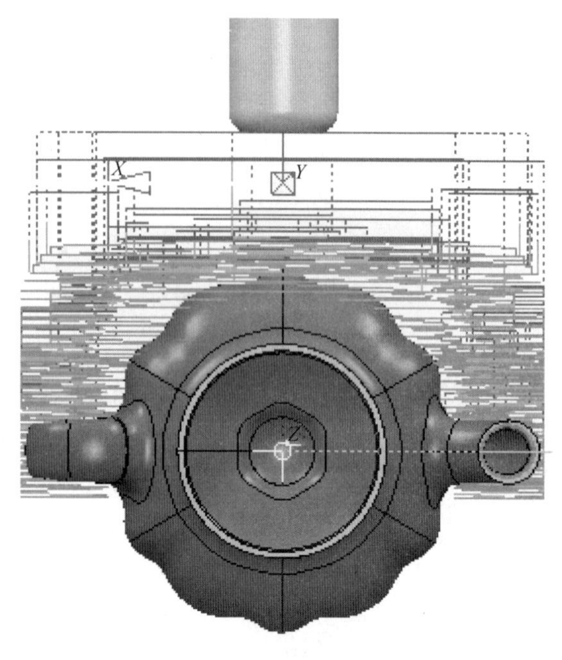

图 6-9　右侧粗加工的完整刀具路径

第三道工序：左侧粗加工

激活坐标系“3”，定义边界为毛坯边界，用第一道工序的方法得到加工左侧部分的加工刀具路径，名称为 D25R5-2。左侧粗加工的完整刀具路径如图 6-10 所示。

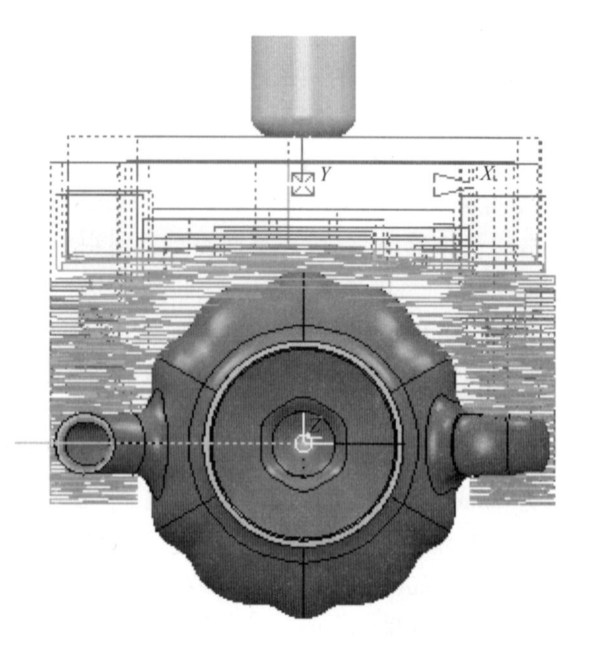

图 6-10　左侧粗加工的完整刀具路径

第四道工序：右侧精加工

在软件中激活坐标系“2”，激活 D10R5 刀具，单击策略选取器中精加工方式里的“平行精加工”，在刀具路径名称中命名为 D10R5，检查“平行精加工”策略里的“用户坐标系”，毛坯由方框定义，命名的用户坐标系为“1”，单击“计算”按钮计算毛坯，设定毛坯 Y 最大为 8mm，Z 最大为 5mm，然后锁定。刀具选取 D10R5 圆柱形球头立铣刀。平行精加工开始角为左下，加工顺序样式选取“双向”，公差为 0.1mm，余量为 0，切削宽度为 0.2mm。“刀轴”定义为“垂直”，“快进移动”类型选取“平面”，“用户坐标系”选取“2”，单击“计算”完成设定快进高度和下切高度。切入切出采用“曲面法向圆弧”，线性移动2mm，角度为20°，半径为2mm。连接选项中第一选择为“直接连接”，第二选择为“掠过”，默认“掠过”。定义主轴转速为8000r/min，进给速度为4000mm/min，切削速度为300mm/min，设定完成后单击“队列”后台计算刀具路径。右侧精加工刀具路径如图6-11所示。

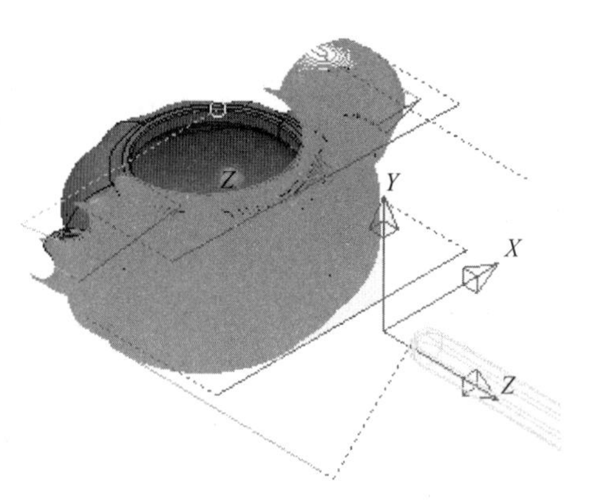

图6-11　右侧精加工刀具路径

第五道工序：左侧精加工

在软件中激活坐标系“3”，激活D10R5刀具，单击策略选取器中精加工方式里的“平行精加工”，在刀具路径名称中命名为D10R5-1，检查“平行精加工”策略里的“用户坐标系”，毛坯由方框定义，命名的用户坐标系为“1”，单击“计算”按钮计算毛坯，设定毛坯 Y 最小为-8mm，Z 最大为5mm，然后锁定。“刀具”选取D10R5圆柱形球头立铣刀。平行精加工开始角为左下，加工顺序样式选取“双向”，公差为0.1mm，余量为0，切削宽度为0.2mm。“刀轴”定义为“垂直”，快进移动类型选取“平面”，“用户坐标系”选取“2”，单击“计算”完成设定快进高度和下切高度。切入切出采用“曲面法向圆弧”，线性移动2mm，角度为20°，半径为2mm。连接选项中第一选择为“直接”，第二选择为“掠过”，默认“掠过”。定义主轴转速为8000r/min，进给速度为4000mm/min，切削速度为300mm/min，设定完成后单击“队列”后台计算刀具路径。左侧精加工刀具路径如图6-12所示。

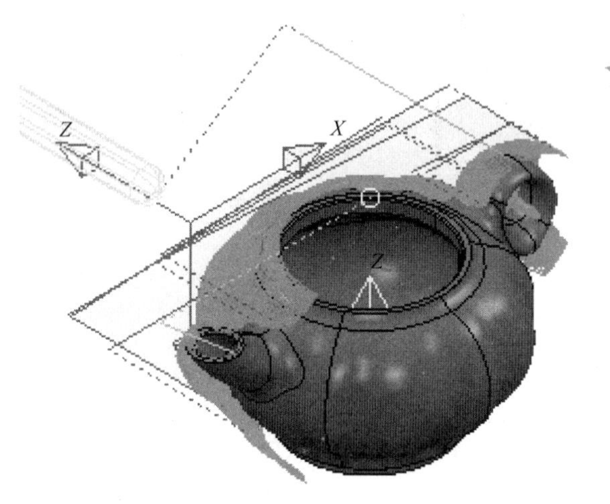

图6-12　左侧精加工刀具路径

第六道工序：精加工内腔

单击“直线投影精加工”，弹出对话框，命名刀具路径名称为D10R5-2，设定坐标系为“1”。单击“毛坯”，选中加工的曲面，坐标系为“1”，单击“计算”设定毛坯。选择D10R5圆柱形球头立铣刀，单击“直线投影”，参考线样式选择“螺旋”，投射方向选择“向外”，公差0.1mm，余量为0，切削宽度选择0.2mm。

参考线样式设定为“螺旋”，方向为顺时针，限界高度开始为 0mm，结束为 -43.729572mm（数值从毛坯里选择），刀轴设定为前倾/侧倾-15°，方式为“接触点发现”。设定快进高度和下切高度。切入/切出设定为“曲面法向圆弧”，线性移动 2mm，角度 20°，半径 2mm。连接第一选择为“直接”，第二选择为“掠过”，默认“相对”。定义主轴转速为 8000r/min，进给速度为 4000mm/min，切削速度为 300mm/min，设定完成后单击“队列”后台计算刀具路径。内腔精加工刀具路径如图 6-13 所示。

第七道工序：精加工壶口上表面

单击“平行平坦面精加工”，弹出对话框，命名刀具路径名称为 D10，设定坐标系为“1”。单击毛坯，选中加工的平面，坐标系为“1”，单击“计算”设定毛坯。选择 D10 立铣刀，单击“平行平坦面精加工”，切削方向选择“任意”，公差 0.1mm，余量为 0，切削宽度选择 8mm。刀轴设定为“垂直”。设定快进高度和下切高度。切入/切出设定延伸移动长度为 10mm。连接第一选择为“直接”，第二选择为“掠过”，默认“安全高度”。定义主轴转速为 8000r/min，进给速度为 3000mm/min，切削速度为 300mm/min，设定完成后单击“队列”后台计算刀具路径。壶口上表面精加工刀具路径如图 6-14 所示。

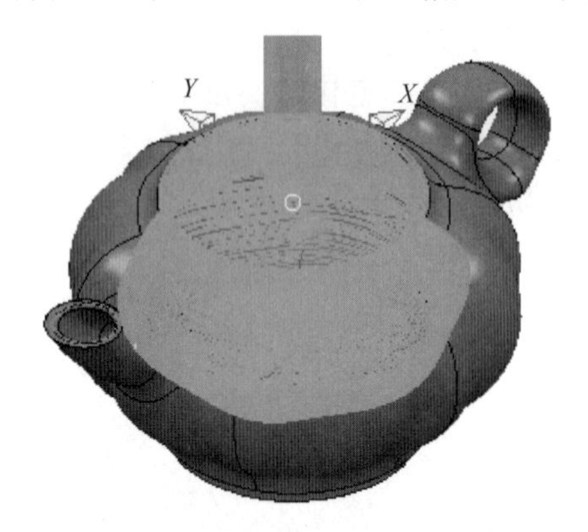

图 6-13　内腔精加工刀具路径

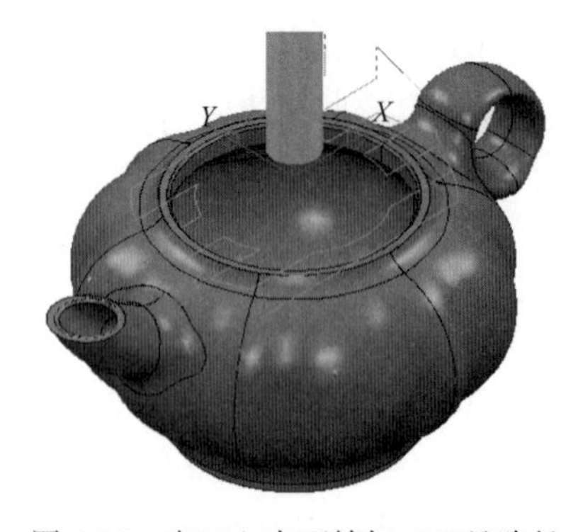

图 6-14　壶口上表面精加工刀具路径

第八道工序：精加工壶口曲面

单击“等高精加工”，弹出对话框，命名刀具路径名称为 D10R5-4，设定坐标系为“1”。单击“毛坯”，选中加工的平面，坐标系为“1”，单击“计算”设定毛坯。选择 D10R5 圆柱形球头立铣刀，单击“等高精加工”，排序方式选择“区域”，勾选“螺旋”选项，公差 0.1mm，切削方向为顺铣，余量为 0，切削宽度为 0.2mm。“刀轴”设定为“垂直”。设定快进高度和下切高度。切入/切出设定为曲面法向圆弧线性移动 2mm，角度 20°，半径 2mm。连接第一选择为“直接”，第二选择为“掠过”，默认“相对”。定义主轴转速为 8000r/min，进给速度度为 4000mm/min，切削速度为 300mm/min，设定完成后单击“队列”后台计算刀具路径。壶口曲面精加工刀具路径如图 6-15 所示。

第九道工序：精加工壶口垂直面

单击“Swarf 精加工”，弹出对话框，命名刀具路径名称为 D10-1，设定坐标系为“1”。单击“毛坯”，选中加工的平面，坐标系为“1”，单击“计算”设定毛坯。选择 D10 立铣刀，单击“Swarf 精加工”，驱动曲线曲面侧外，公差 0.1mm，切削方向为“顺铣”，余量为 0，位置下线底部位置底部为-2mm。“刀轴”设定为“自动”。设定快进高度和下切高度。切入/切出设定为水平圆弧线角度 40°，半径 5mm。连接第一选择为“直接”，第二选择为“掠过”，默认“相对”。定义主轴转速为 8000r/min，进给速度为 3000mm/min，切削速度为 300mm/min，设定完成后单击“队列”后台计算刀具路径。Swarf 精加工刀具路径如图 6-16 所示。

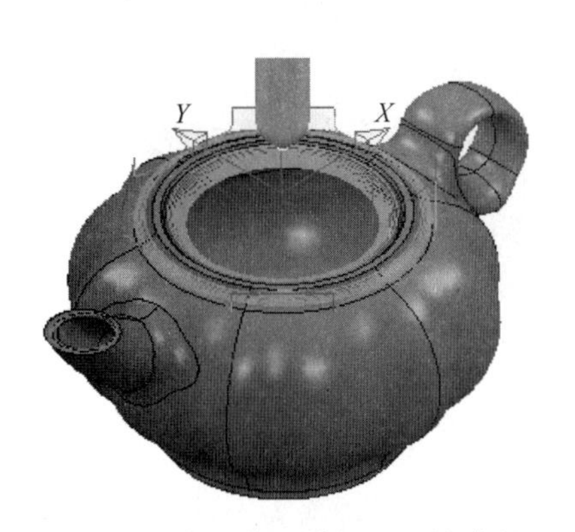

图 6-15　壶口曲面精加工刀具路径

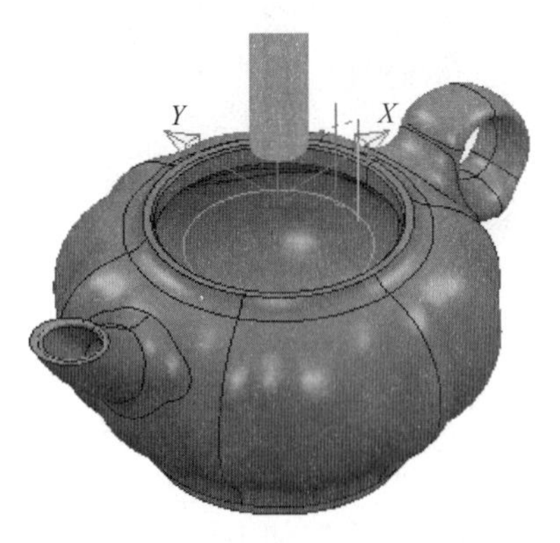

图 6-16　Swarf 精加工刀具路径

第十道工序：壶嘴钻孔

在模型中选取壶嘴孔曲面，右键单击“孔特征设置”，然后单击“产生孔”，名称根为“1”，自“模型”产生，公差 0.1mm，勾选“产生复合孔”，勾选“按轴组合孔”，单击“应用”按钮产生孔特征。

单击“钻孔”，弹出对话框，命名刀具路径名称为 Z6，孔特征设置为“1”，设定坐标系为“1”。单击“毛坯”，选中壶嘴各个曲面，坐标系为“1”，单击“计算”设定毛坯。选择 D10 立铣刀，单击“钻孔”，循环类型为“深钻”，定义顶部为孔顶部，“操作”钻到孔深，间歇为 2mm，啄孔深度为 2mm，勾选“钻孔循环输出”。“刀轴”设定为“自动”。设定快进高度和下切高度。连接第一选择为“直接”，第二选择为“掠过”，默认“相对”。定义主轴转速为 2000r/min，进给速度为 300mm/min，切削速度为 300mm/min，设定完成后单击“队列”后台计算刀具路径。钻孔刀具路径如图 6-17 所示。

第十一道工序：精加工壶嘴上表面

单击“平行平坦面精加工”，弹出对话框，命名刀具路径名称为 D10-2，设定坐标系为“4”。单击“毛坯”，选中加工的平面，坐标系为“4”，单击“计算”设定毛坯。选择 D10 立铣刀，单击“平行平坦面精加工”，切削方向选择“任意”，公差 0.1mm，余量为 0，切削宽度选择 5mm。“刀轴”设定为“垂直”。设定快进高度和下切高度。切入/切出设定延伸移动长度为 10mm。连接第一选择为“直接”，第二选择为“掠过”，默认“安全高度”。定义主轴转速为 8000r/min，进给速度为 3000mm/min，切削速度为 300mm/min，设定完成后单击“队列”后台计算刀具路径。精加工壶嘴上表面刀具路径如图6-18 所示。

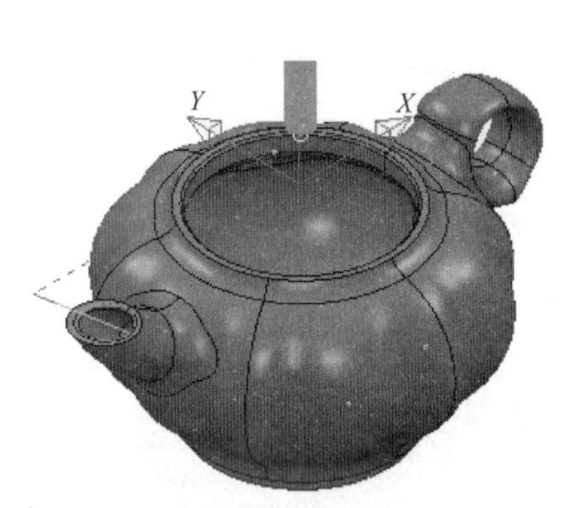

图 6-17　钻孔刀具路径

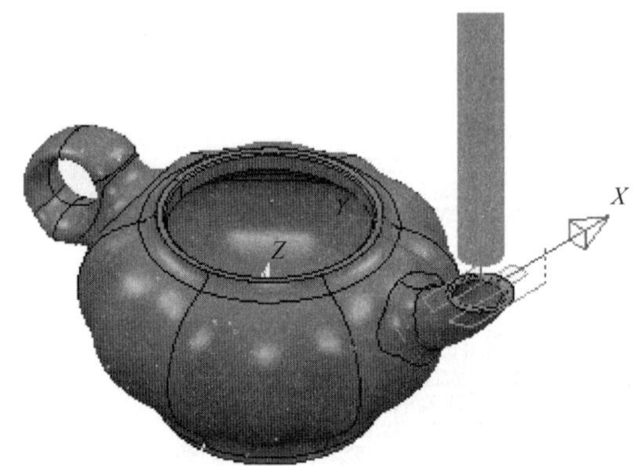

图 6-18　精加工壶嘴上表面刀具路径

第十二道工序：精加工壶嘴上圆弧面

单击“等高精加工”，弹出对话框，命名刀具路径名称为 D4R2，设定坐标系为“4”。单击“毛坯”，选中加工的平面，坐标系为“4”，单击“计算”设定毛坯。选择 D4R2 圆柱形球头立铣刀，单击“等高精加工”，排序方式选择“区域”，勾选“螺旋”选项，公差 0.1mm，切削方向为“顺铣”，余量为 0，最小下切步距为 0.2mm。“刀轴”设定为“垂直”。设定快进高度和下切高度。切入/切出设定为“曲面法向圆弧”，线性移动 2mm，角度 20°，半径 2mm。连接第一选择为“直接”，第二选择为“掠过”，默认“相对”。定义主轴转速为 8000r/min，进给速度为 4000mm/min，切削速度为 300mm/min，设定完成后单击“队列”后台计算刀具路径。精加工壶嘴上圆弧面刀具路径如图6-19 所示。

第十三道工序：精加工壶嘴流道面

单击“直线投影精加工”，弹出对话框，命名刀具路径名称为 D4R6-1，设定坐标系为“5”。单击“毛坯”，选中加工的曲面，坐标系为“5”，单击“计算”设定毛坯。选择 D4R2 圆柱形球头立铣刀，单击“直线投影”，参考线样式选择“螺旋”，投射方向选择“向外”，公差 0.1mm，余量为 0，切削宽度选择

0.2mm。参考线样式设定为“螺旋”，方向为顺时针，限界高度开始为 0mm，结束为-23.364616mm（数值从毛坯里选择），刀轴设定为“前倾/侧倾-15°”，方式为“接触点发现”。设定快进高度和下切高度。切入/切出设定为曲面法向圆弧线性移动 2mm，角度 20°，半径 2mm。连接第一选择为“直接”，第二选择为“掠过”，默认“相对”。定义主轴转速为 8000r/min，进给速度为 4000mm/min，切削速度为 300mm/min，设定完成后单击“队列”后台计算刀具路径。壶嘴流道面精加工刀具路径如图 6-20 所示。

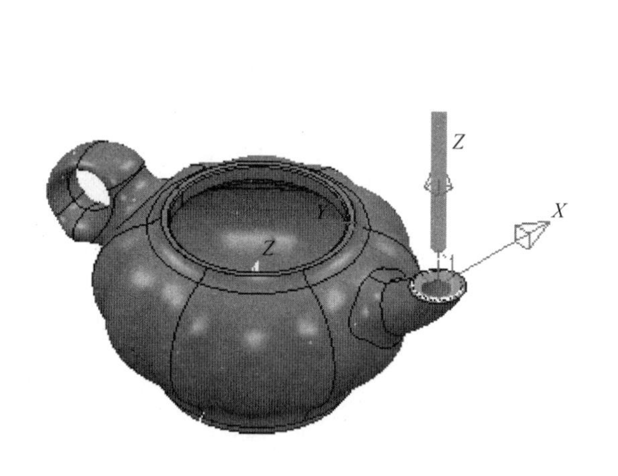

图 6-19　精加工壶嘴上圆弧面刀具路径

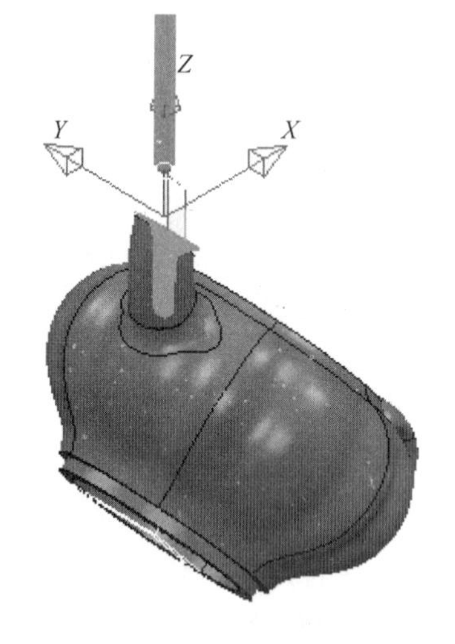

图 6-20　壶嘴流道面精加工刀具路径

（六）刀具路径仿真

鼠标右键单击 D25R5，选取“自动开始仿真”，打开 ViewMill，单击“彩虹阴影图像”；再“单击运行到末端”按钮，开始仿真刀具路径；然后用同样的方法仿真其他刀具路径，仿真结果如图 6-21 所示。仿真应定义好刀具的刀柄和夹持数据，打开“碰撞”按钮，检查有无碰撞。

a)

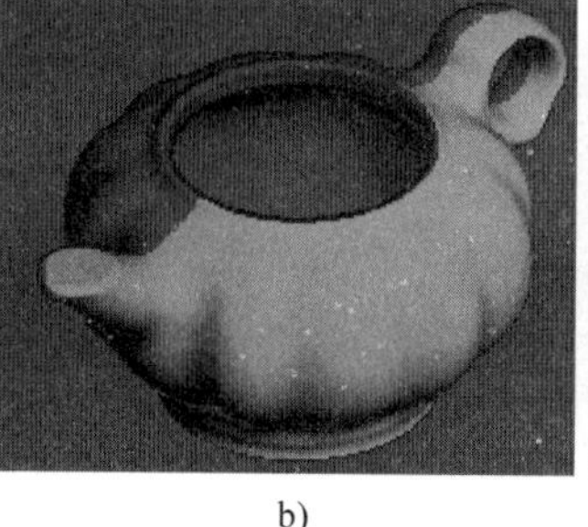

b)

c)

图 6-21　刀具路径仿真示意图

（七）后置处理

鼠标右键单击“数控程序”，选取“参数选择”按钮，弹出“NC参数选择”对话框（图6-22），定义输出文件夹路径，输出文件夹扩展名称，选取“机床选项文件”为后置处理文件，选取“输出用户坐标系”，单击关闭。

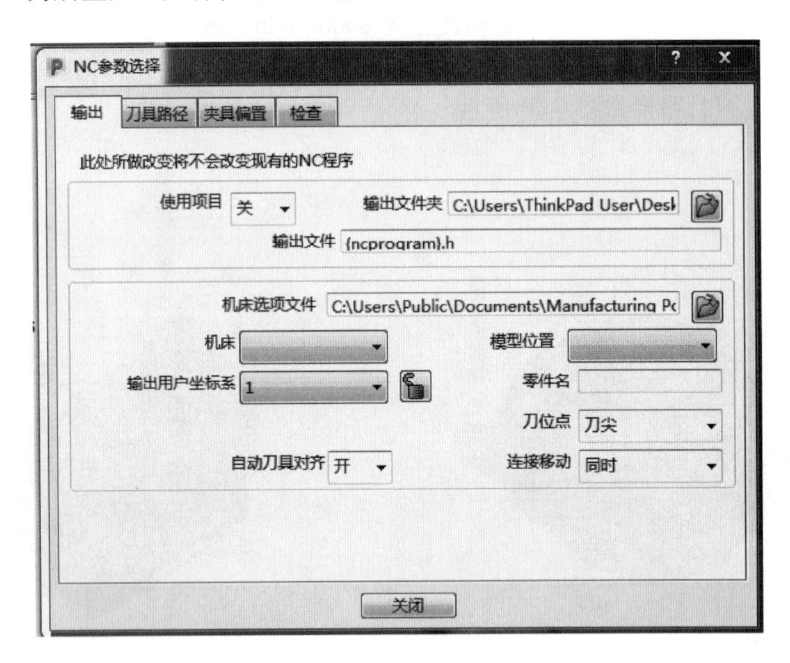

图6-22 “NC参数选择”对话框

后置处理参数设定好后，右键单击“刀具路径”，选取“产生独立的数控程序”，在数控程序里产生了多条程序文件，右键单击“数控程序”，选取“全部写入”，开始进行后置处理，生成数控代码。后置处理成功后，数控程序在程序文件夹中可以找到。

六、加工过程

（一）准备工作

（1）备料　茶壶的毛坯采用ϕ120mm×55mm的2A12铝合金，在工件的底面ϕ30mm分度圆上加工4×M6↧7的螺纹孔，保证这4个M6螺纹孔分度圆与毛坯外圆同轴。毛坯表面粗糙度值为Ra1.6μm。

（2）准备刀具　要准备外直径ϕ25mm的圆角铣刀（D25R5），直径分别为ϕ4mm、ϕ10mm的圆柱形球头立铣刀（D10R5、D4R2），直径分别为ϕ10mm的立铣刀（D10），直径ϕ6mm的麻花钻（Z6）。

(3) 其他工具　自制夹具（图6-23）。

（二）找正和装夹工件

夹具底部外圆与回转工作台中心孔同轴，用4个M12内六角圆柱头螺钉配合T形块锁紧在回转工作台上，保证夹具的上外圆与回转工作台中心孔同轴度公差为ϕ0.02mm。将毛坯用4个M6内六角圆柱头螺钉固定在夹具上。毛坯、夹具装夹示意图如图6-24所示。

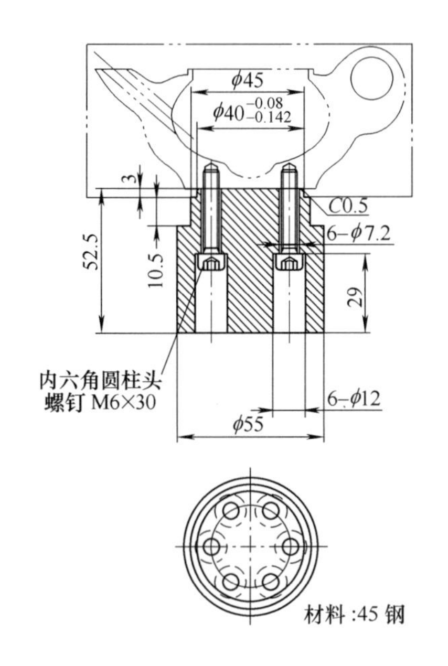

图6-23　自制夹具2D示意图

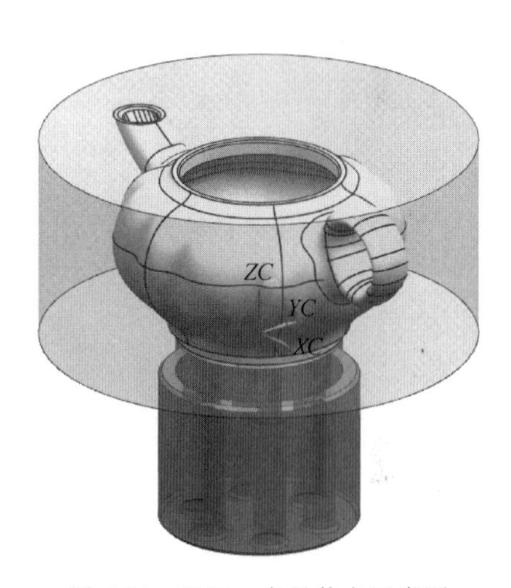

图6-24　毛坯、夹具装夹示意图

（三）确定工件坐标系和对刀

本工件加工原点的X轴、Y轴坐标由回转工作台中心位置确定，Z0位置在工件的上表面。利用机床雷尼绍测头将工件坐标系原点输入到机床坐标系中。五轴联动数控机床的对刀是将每把刀具装在机床刀库里，然后在工件的Z0表面上对好刀长，最后输入到刀具表的刀具长度参数地址。

（四）加工

加工是由机床按照编制好的加工程序自动执行，同普通数控铣床的加工没有区别，只需要按顺序更换刀具和调用程序，再执行程序即可。

加工过程中，可根据加工的实际情况，适当调整加工时主轴转速和进给速度的倍率。加工内腔时，会产生大量的切屑，要及时排出，否则影响切削质量，最好采用带内冷功能的刀具。

七、技术点评

1）茶壶的加工比较烦琐，主要是由于形状较异，所以在加工时会出现欠切现象。若出现欠切现象，则要补一些刀路。

2）形状复杂的零件，在五轴联动数控机床加工时，务必将刀具长度测量准确，避免因为刀具长度的误差，接刀时出现接刀痕。

3）加工时，务必将刀具和工件装夹牢固，避免因为装夹不牢固产生振纹。

第7章 老寿星像的加工解析

一、图样技术要求及毛坯

老寿星像的 3D 图如图 7-1 所示。

老寿星像的毛坯如图 7-2 所示。毛坯采用尺寸为 ϕ80mm×135mm 的 2A12 铝合金。在工件的底面分度圆上加工 4×M8↧15 螺纹孔，保证这 4 个 M8 螺纹孔分度圆与毛坯外圆同轴。毛坯表面粗糙度值为 *Ra*1. 6μm。

图 7-1　老寿星像的 3D 图

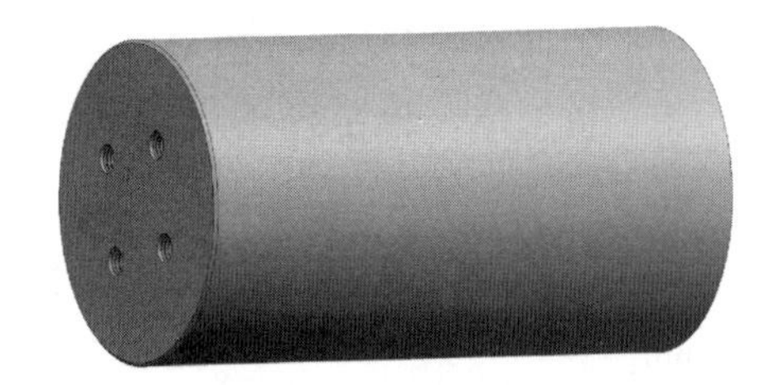

图 7-2　老寿星像的毛坯

二、图样分析

老寿星像显然是三轴数控加工所不能完成的，所以必须在五轴联动数控机床上进行加工。老寿星像造型由若干个片体构成，表面粗糙度直接影响加工零件的美观性，所以表面粗糙度值要求全部不大于 *Ra*3. 2μm。

三、工艺分析

老寿星像的加工过程可分为四大步：粗加工、初加工、半精加工、精加工。

（一）确定定位基准

工件坐标系选择在老寿星像的顶部中心，即 *X*、*Y* 选择在工件的回转中心、*Z* 在毛坯上端面。

（二）加工难点

1）CAM 软件的编程。

2）老寿星像属于细长类工件，顶部加工时刚性较差，容易引起振动，所以减少加工时的振动是提高表面粗糙度的方法之一。

3）选用合理的加工工艺提高工件的表面粗糙度。

（三）刀具干涉检查

定义刀具时，设计好安装的刀柄形状。通过仿真检查刀具是否干涉。

（四）重点编程功能

1）模型区域清除。

2）刀具路径裁剪。

3）曲面投影精加工。

（五）工艺方案

通过3D模型的分析，在工艺分析的基础上，从实际出发制订工艺方案。通过工件的几何形状分析，5道工序完成工件的全部加工内容。加工顺序为：

第一道工序：将工件沿 X 轴倾斜+90°，开启粗加工，深度大于最大侧素线2mm。

第二道工序：将工件沿 X 轴倾斜-90°，开启粗加工，深度大于最大侧素线2mm。

第三道工序：初加工，取消粗加工，去除加工余量，为半精加工做准备。

第四道工序：半精加工，为精加工留有0.2mm余量，保证精加工的加工余量均匀。

第五道工序：利用小直径的刀具精加工，提高工件表面的质量，切削速度避开机床共振点。

（六）确定程序设计思路

第一道工序：利用模型区域清除方式去除1/2部分余量，采用小切削深度、大进给方式加工。

第二道工序：利用模型区域清除方式去除另外1/2部分余量，也采用小切削深度、大进给方式加工。

第三道工序：利用大直径硬质合金加工铝材的圆柱形球头立铣刀直线投影精加工的方式，去除粗加工剩余的不均匀余量。

第四道工序：利用小于上述直径的加工铝材的圆柱形球头立铣刀、直线投影精加工的方式，去除为精加工提供的均匀余量。

第五道工序：利用小直径的刀具进行精加工，以提高工件表面的质量。

四、加工工艺卡片

序号	工步	刀具名称	规格	主轴转速/(r/min)	进给速度/(mm/min)	切削宽度/mm	切削深度/mm	坐标系
1	粗加工	立铣刀	D20R1（ϕ20mm）	3500	2500	18	1	2
2	粗加工	立铣刀	D20R1（ϕ20mm）	3500	2500	18	1	3
3	初加工	圆柱形球头立铣刀	D6R3（ϕ6mm）	7000	3000	0.3	1	1
4	半精加工	圆柱形球头立铣刀	D4R2（ϕ4mm）	8000	4000	0.1	0.5	1
5	精加工	圆柱形球头立铣刀	D2R1（ϕ2mm）	12000	5000	0.08	0.08	1

五、编写加工程序步骤

老寿星像加工比较复杂，其复杂性主要体现在加工程序的编制上，因此应首先明确在利用 CAM 软件生成加工程序这项工作中需要做什么，然后再一步一步地实施。

用 PowerMill 2017 软件来编程，编程的步骤为：先导入 3D 模型、建立工件坐标系、选择加工刀具及加工方法，再进行加工操作，设定好加工参数，最后生成加工刀具路径。

（一）导入几何体

导入老寿星像几何体到编程软件，如图 7-3 所示。

（二）创建毛坯

建立加工所用毛坯，尺寸为 ϕ80mm×135mm，如图 7-4 所示。

（三）建立工件坐标系

根据加工方法建立工件坐标系：第一次粗加工，建立一个坐标系“2”；第二次粗加工，建立坐标系“3”；其余 3 个加工方式，建立坐标系“1”（图 7-5）。

（四）创建加工刀具

加工老寿星像需要用到 4 把刀具：直径 ϕ20mm 的立铣刀（D20R1）、直径 ϕ6mm 的圆柱形球头立铣刀（D6R3）、直径 ϕ4mm 的圆柱形球头立铣刀（D4R2）、直径 ϕ2mm 的圆柱形球头立铣刀（D2R1）。

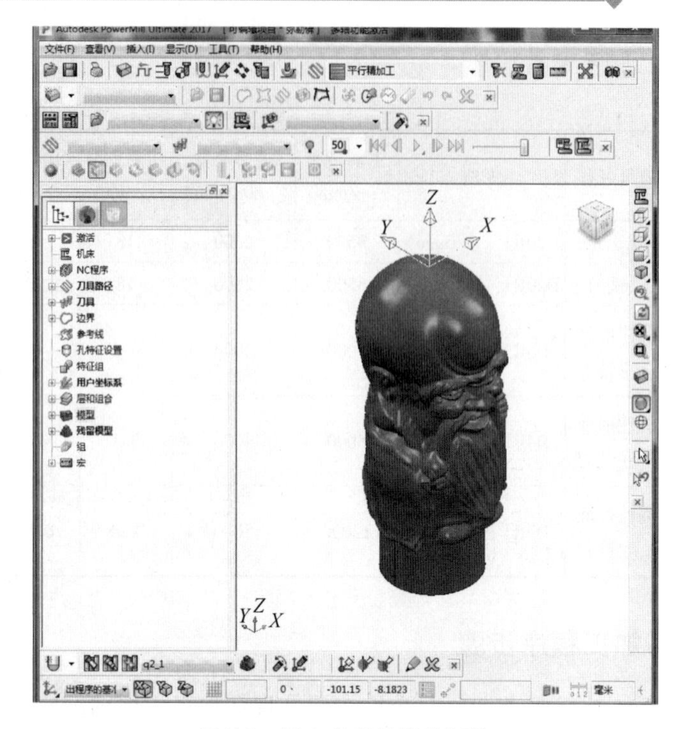

图 7-3 导入老寿星像几何体

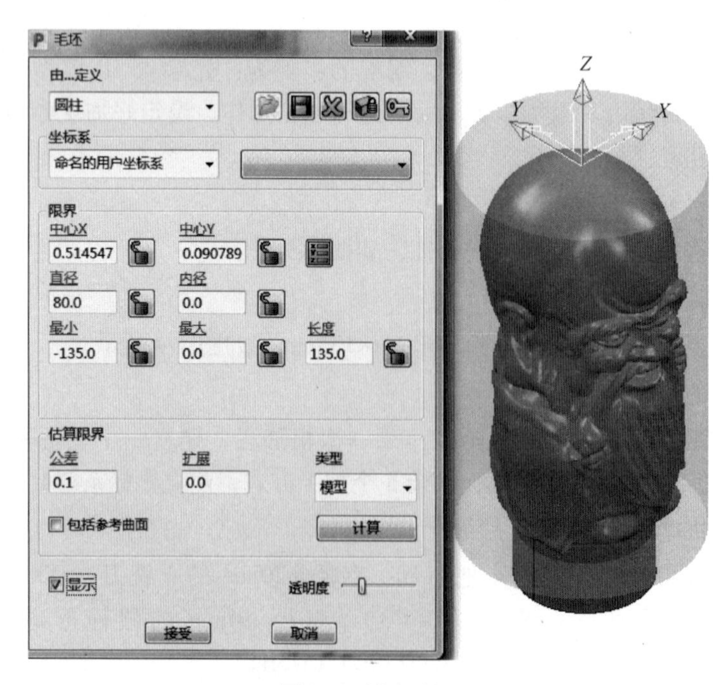

图 7-4 创建毛坯

（五）创建加工刀具路径

第一道工序：

激活坐标系“2”，激活立铣刀 D20R1，选择“模型残留区域清除”模式，打开对话框，设定刀具路径名称 D20R1，如图 7-6 所示。

图 7-5　建立工件坐标系

单击对话框中的“用户坐标系”，确认是坐标系“2”。单击对话框中的“毛坯”，确认是世界坐标系定义的毛坯。单击“刀具”，确认是立铣刀 D20R1。“机床”和“限界”两项不用设置。单击“模型残留区域清除”，选取切削方向均为“任意”，余量为 0.5mm，切削宽度为 18mm，切削深度为自动 1mm，恒定下切步距。单击“快进移动”，选择平面类型，坐标系“2”，单击“计算”来设定快进移动位置。单击“切入切出和连接”的“切入”选项，在第一选择中选取“斜向”，单击下边图标弹出“斜向切入选项”对话框，设定最大左斜角为 2°，高度为 1mm，单击“开始点和结束点”，设定为毛坯中心安全高度。单击“进给和转速”设定主轴转速为 3500r/min，进给速度为 2500mm/min，切削速度为 300mm/min，设定完成后单击“队列”，进入后台运算刀具路径，运算结果如图 7-7 所示。

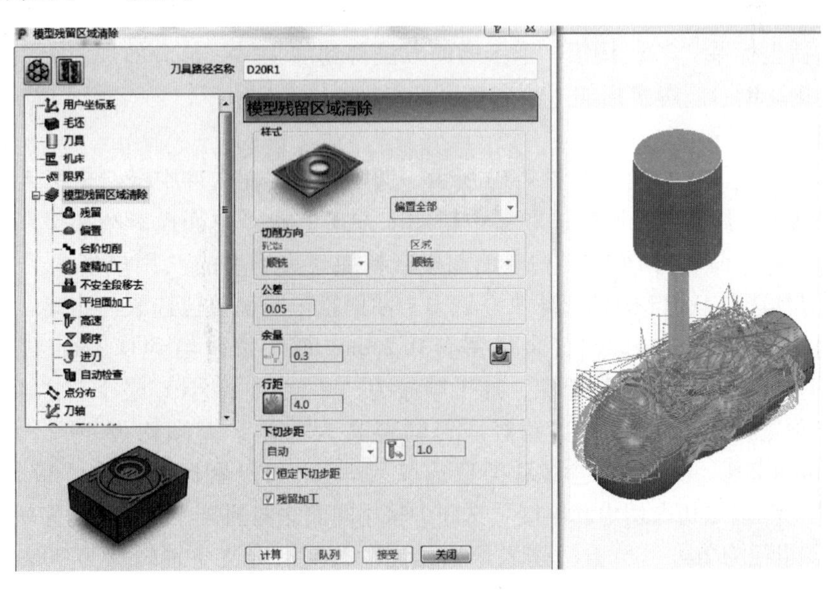

图 7-6　模型残留区域清除设置

然后单击右侧从前查看图标，利用鼠标框选的模式，裁剪多余的刀具路径，选中后右键单击“编辑”→“删除已选部件”。裁剪完的刀具路径如图 7-8 所示。

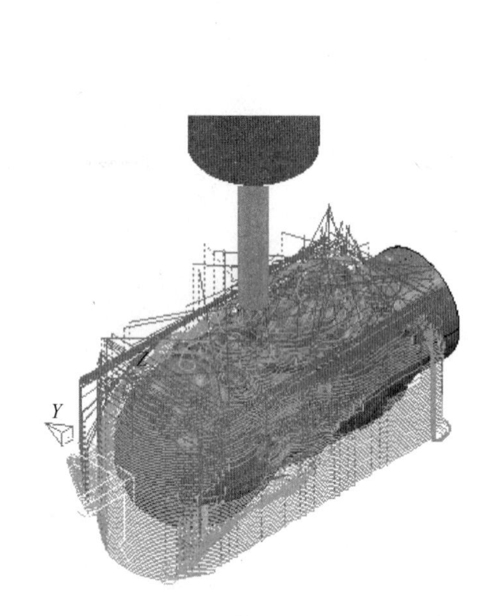

图 7-7　运算完的刀具路径

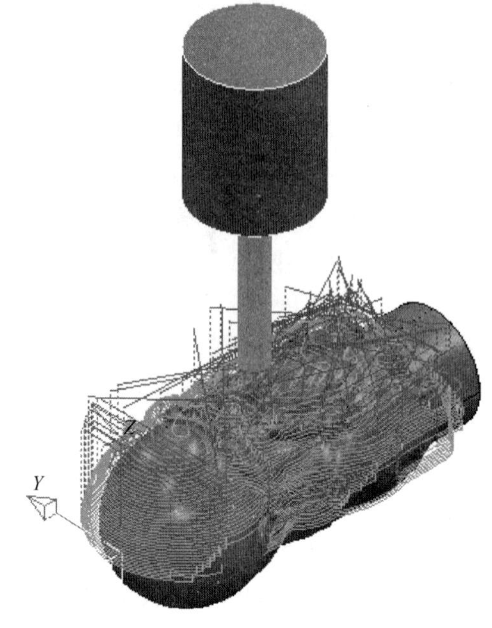

图 7-8　裁剪完的刀具路径

第二道工序：

激活坐标系“3”，用第一道工序的方法得到加工另一部分的加工刀具路径，名称为 D20R1-1。两次粗加工的完整刀具路径如图 7-9 所示。

第三道工序：

编程前先做一个曲面如图 7-10 所示，选中曲面，在软件中激活坐标系“1”，激活 D6R3 刀具，单击策略选取器中精加工方式里的“曲面投影精加工”，在刀具路径名称中命名为 D6R3，检查曲面投影精加工策略里的“用户坐标系”“毛坯”。刀具选取 D6R3 圆柱形球头立铣刀，曲面投影曲面单位选取“距离”，光顺公差为 0. 05mm，方向向内，余量留有 0. 2mm，切削宽度给到 0. 3mm。参考线“方向 U”，勾选“螺旋”选项，加工顺序为“单向”，最小 U 最小 V，顺序无，单击“预览”按钮查看刀具路径。刀轴定义为前倾、侧倾均为 10°，方式为“PowerMill 2012 R2”，快进移动类型选取“球”，用户坐标系选取“1”，单击“计算”完成。“切入切出和连接”选项中采用曲面法向圆弧，线性移动为 0，角度为 20°，半径为 2mm，单击“切入切出相同”按钮。定义主轴转速为 7000r/min，进给速度为 3000mm/min，切削速度为 300mm/min，设定完成后单击“队列”后台计算刀具路径。曲面投影初加工刀具路径如图 7-10 所示。

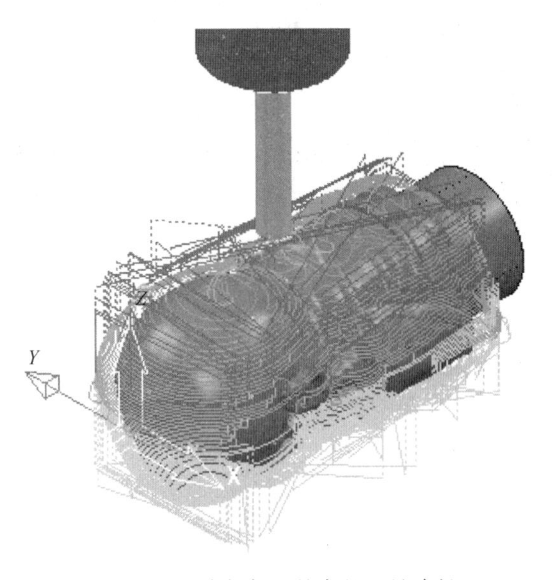

图 7-9　两次粗加工的完整刀具路径

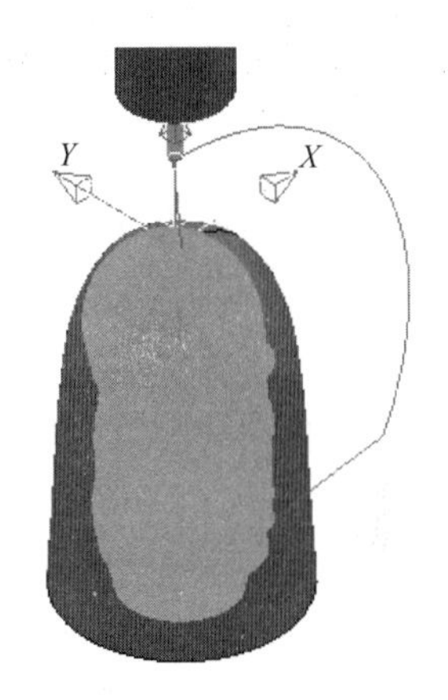

图 7-10　曲面投影初加工刀具路径

第四道工序：

编程前先做一个曲面（图 7-11），选中该曲面，在软件中激活坐标系“1”，激活 D4R2 刀具，单击策略选取器中精加工方式里的“曲面投影精加工”，在刀具路径名称中命名为 D4R2，检查曲面投影精加工策略里的“用户坐标系”“毛坯”。刀具选取 D4R2 圆柱形球头立铣刀，曲面投影曲面单位选取“距离”，光顺公差为 0.05mm，方向向内，余量留有 0.2mm，切削宽度给到 0.1mm。参考线“方向 U”，勾选“螺旋”选项，加工顺序为“单向”，最小 U 最小 V，顺序无，单击“预览”按钮查看刀具路径。刀轴定义为前倾、侧倾均为 10°，方式为“PowerMill 2012 R2”，快进移动类型选取“球”，用户坐标系选取“1”，单击“计算”完成。“切入切出和连接”选项中采用曲面法向圆弧，线性移动为 0，角度为 20°，半径为 2mm，单击“切入切出相同”按钮。定义主轴转速为 8000r/min，进给速度为 4000mm/min，切削速度为 300mm/min，设定完成后单击“队列”后台计算刀具路径。曲面投影半精加工刀具路径如图 7-11 所示。

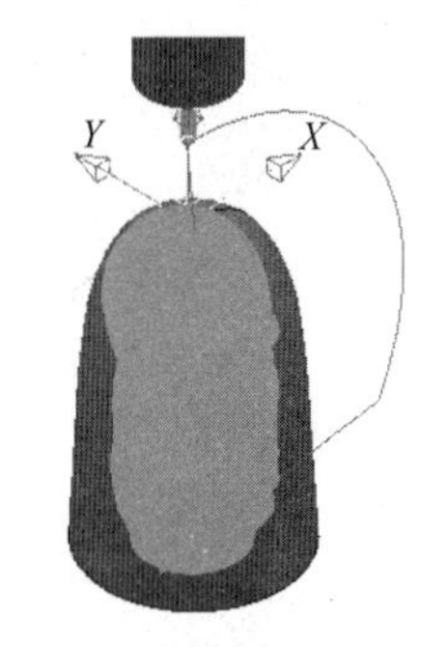

图 7-11　曲面投影半精加工刀具路径

第五道工序：

编程前先做一个曲面（图 7-12），选中该曲面，在软件中激活坐标系“1”，激活 D2R1 刀具，单击策略选取器中精加工方式里的“曲面投影精加工”，在刀具路径名称中命名为 D2R1，检查曲面投影精加工策略里的“用户坐标系”“毛坯”。刀具选取 D2R1 圆柱形球头立铣刀，曲面投影曲面单位选取“距离”，光顺公差为 0.05mm，方向向内，不留余量，切削宽度给到 0.08mm。参考线“方向 U”，勾选“螺旋”对话框，加工顺序为“单向”，最小 U 最小 V，顺序无，单击“预览”按钮查看刀具路径。“刀轴”定义为前倾、侧倾均为 10°，方式为“PowerMill 2012 R2”，快进移动类型选取“球”，用户坐标系选取“1”，单击“计算”完成。“切入切出和连接”选项中采用曲面法向圆弧，线性移动为 0，角度为 20°，半径为 2mm，单击“切入切出相同”按钮。定义主轴转速为 12000r/min，进给速度为 5000mm/min，切削速度为 300mm/min，设定完成后单击“队列”后台计算刀具路径。曲面投影精加工刀具路径如图 7-12 所示。

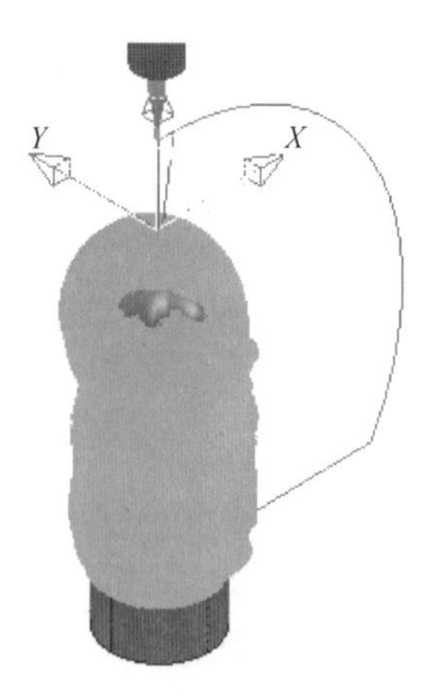

图 7-12　曲面投影精加工刀具路径

（六）刀具路径仿真

鼠标右键单击 D20R1，选取“自动开始仿真”，打开 ViewMill，单击“彩虹阴影图像”；然后单击“运行到末端”按钮，开始仿真刀具路径；接着用同样的方法仿真第二条刀具路径；最后仿真其余刀具路径，仿真结果如图 7-13 所示。

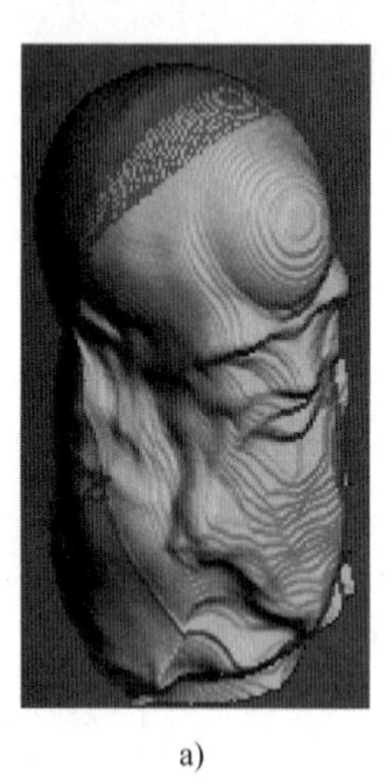
a)

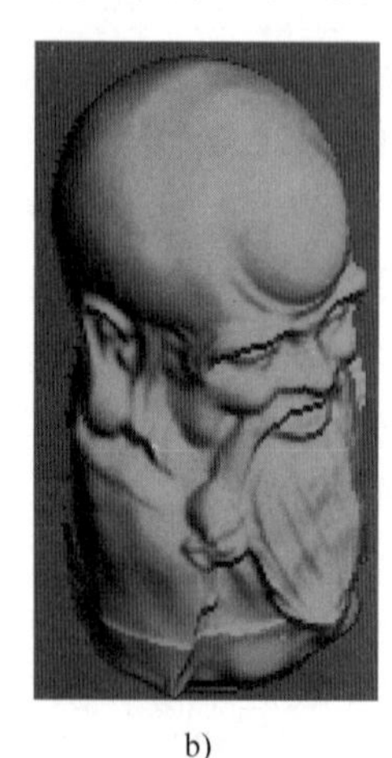
b)

c)

图 7-13　刀具路径仿真示意图

（七）后置处理

鼠标右键单击“数控程序”，选取“参数选择”按钮，弹出“NC 参数选择”

对话框（图 7-14），定义输出文件夹路径，输出文件夹扩展名称，选取“机床选项文件”为后置处理文件，选取“输出用户坐标系”，单击“关闭”。

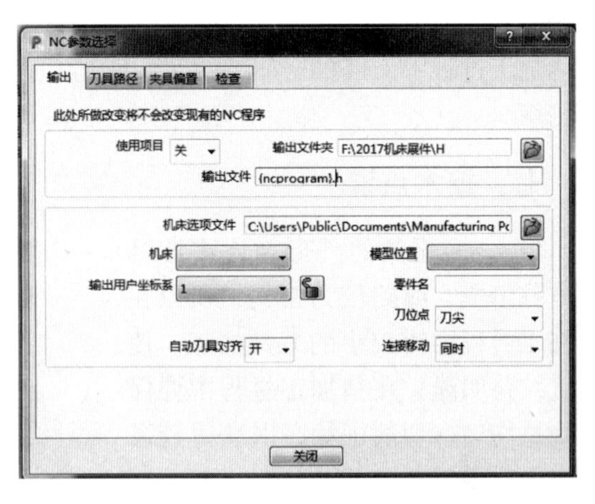

图 7-14　“NC 参数选择”对话框

后置处理参数设定好后，右键单击“刀具路径”，选取“产生独立的数控程序”，在数控程序里产生了几条程序文件，右键单击“数控程序”，选取“全部写入”，开始进行后置处理，生成数控代码。

六、加工过程

（一）准备工作

（1）备料　毛坯采用 2A12 铝合金，尺寸为 ϕ80mm×135mm，在工件的底面分度圆上加工 4×M8▼15 的螺纹孔，保证该分度圆与毛坯外圆同轴。毛坯表面粗糙度值为 Ra1. 6μm。

（2）准备刀具　准备直径 ϕ20mm 的立铣刀（D20R1）、直径 ϕ6mm 的圆柱形球头立铣刀（D6R3）、直径 ϕ4mm 的圆柱形球头立铣刀（D4R2）、直径 ϕ2mm 的圆柱形球头立铣刀（D2R1）。先将刀具按照编程时设定的长度进行装夹，然后对好刀具长度，接着将刀具长度输入到刀具表里，最后将刀具装到机床刀库中。

（3）其他工具　自制夹具（详见第 2 章图 2-18）。

（二）找正和装夹工件

找正和装夹工件同第 2 章（图 2-19）。

（三）确定工件坐标系和对刀

本工件加工原点的 X 轴、Y 轴坐标由回转工作台中心位置确定，Z0 位置在工件的上表面。利用机床雷尼绍测头将工件坐标系原点输入到机床坐标系中。五轴联动数控机床的对刀是将每把刀具装在机床刀库里，然后在工件的 Z0 表面上对好刀长，最后输入到刀具表的刀具长度参数地址。

（四）加工

加工是由机床按照编制好的加工程序自动执行，同普通数控铣床的加工没有区别，只需要按顺序更换刀具和调用程序，再执行程序即可。加工过程中控制好机床，避免发生碰撞。在加工前务必定义好刀柄形状，利用软件仿真功能验证有无碰撞现象，若有碰撞及干涉现象则及时更改策略。

加工过程中，可根据加工的实际情况，适当调整加工时主轴转速和进给速度的倍率。

七、技术点评

1）老寿星像的外形由许多波峰和波谷组成，纹路较为密集，所以在精加工过程中需较小的刀具加工，使加工纹路明显；在精加工过程中要保证余量均匀、切削平稳，以获得较高的表面质量。

2）粗加工和半精加工时，将坐标系倾斜于基准30°，效果更好，如图7-15所示。

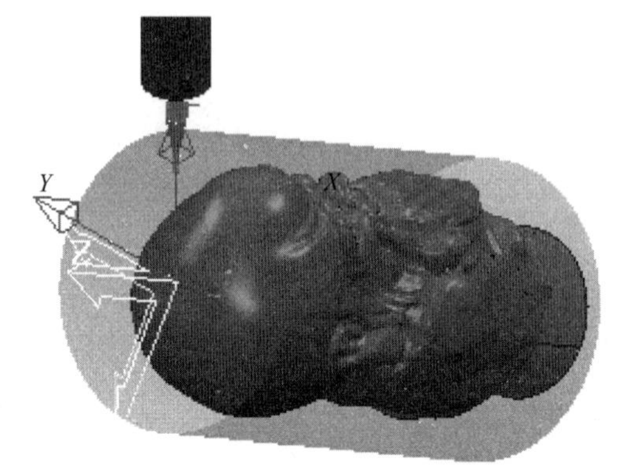

图7-15　粗加工基准倾斜30°效果图

3）最后精加工时采用螺旋式走刀，减少在走刀过程中无用的抬刀，提高了加工效率和表面质量。

第8章 奖杯的加工解析

一、图样技术要求及毛坯

奖杯的 3D 图如图 8-1 所示。

奖杯的毛坯如图 8-2 所示。毛坯采用 65.5mm×53.6mm×140.5mm 的 2A12 铝合金。在工件的底面分度圆上加工 4×M6↧15，保证这 4 个 M6 螺纹孔分度圆与毛坯外圆同轴。毛坯表面粗糙度值为 Ra1.6μm。

图 8-1　奖杯的 3D 图

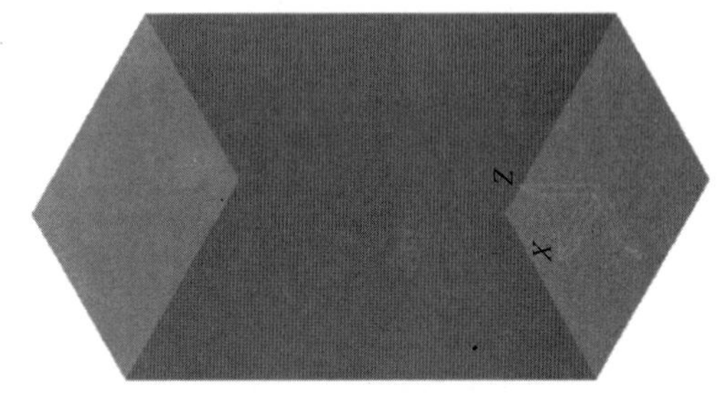

图 8-2　奖杯的毛坯

二、图样分析

奖杯显然是在五轴联动数控机床上进行加工的零件。奖杯造型由若干个片体构成，表面粗糙度直接影响加工零件的美观性，所以表面粗糙度值要求全部不大于 Ra3.2μm。奖杯空间曲面上有刻字装饰，用雕刻的方法加工。

三、工艺分析

奖杯的加工过程可分为四大步：粗加工、半精加工、精加工和雕刻。

（一）确定定位基准

工件坐标系选择在奖杯的底部中心，即 X、Y 选择在工件的中心、Z 在毛坯底面上。

（二）加工难点

1）CAM 软件的编程。

2）精加工策略的选用。

3）选用合理的加工工艺以提高工件的表面粗糙度。

（三）刀具干涉检查

定义刀具时，设计好安装的刀柄形状。通过仿真检查刀具是否干涉。

（四）重点编程功能

1）模型区域清除。

2）直线投影精加工。

3）曲面精加工。

4）曲面投影精加工。

5）点投影精加工。

6）参考线精加工。

7）清角精加工。

（五）工艺方案

通过3D模型的分析，在工艺分析的基础上，从实际出发制订工艺方案。通过工件的几何形状分析，4道工序完成工件的全部加工内容。加工顺序为：

第一道工序：以奖杯的一面向上建立坐标系，开启粗加工；将工件旋转，以奖杯的另一面向上建立坐标系，开启粗加工。

第二道工序：分区域半精加工（加工底托四周、加工顶部曲面、加工杯身、加工底托上表面），为精加工留有0.2mm余量，保证精加工的加工余量均匀。

第三道工序：精加工（加工底托四周、加工顶部曲面、加工杯身、加工底托上表面），提高工件表面的质量，切削速度避开机床共振点。

第四道工序：雕刻刀刻字。

（六）确定程序设计思路

第一道工序：利用模型区域清除方式去除1/2部分余量，采用小切削深度、大进给方式加工；利用模型区域清除方式去除另外1/2部分余量，也采用小切削深度、大进给方式加工。

第二道工序：利用圆柱形球头立铣刀直线投影、曲面、曲面投影、点投影的半精加工方式进行半精加工，为精加工提供均匀的余量。

第三道工序：利用圆柱形球头立铣刀直线投影、曲面、曲面投影、点投影的精加工方式进行精加工，以提高工件表面的质量。

第四道工序：利用雕刻刀具刻字，文字需清晰可辨。

四、加工工艺卡片

序号	工步	刀具名称	规格/mm	主轴转速/(r/min)	进给速度/(mm/min)	切削宽度/mm	切削深度/mm	坐标系
1	粗加工	立铣刀	D12（ϕ12mm）	3500	2500	8	1	1
			D12（ϕ12mm）	3500	2500	8	1	2

（续）

序号	工步	刀具名称	规格/mm	主轴转速/(r/min)	进给速度/(mm/min)	切削宽度/mm	切削深度/mm	坐标系
2	半精加工	圆柱形球头铣立刀	D8R4（ϕ8mm）	8000	4000	0.5	0.5	世界坐标系
3	精加工	圆柱形球头铣立刀	D8R4（ϕ8mm）	12000	4000	0.3	0.5	世界坐标系
4	刻字	雕刻刀	D6R0.2（ϕ6mm）	12000	300			3~6

五、编写加工程序步骤

奖杯加工比较复杂，其复杂性主要体现在加工程序的编制上，因此应首先明确在利用 CAM 软件生成加工程序这项工作中需要做什么，然后再一步一步地实施。

用 PowerMill 2017 软件来编程，编程的步骤为：先导入 3D 模型、建立工件坐标系、选择加工刀具及加工方法，再进行加工操作，设定好加工参数，最后生成加工刀具路径。

（一）导入几何体

导入奖杯几何体到编程软件，如图 8-3 所示。

（二）创建毛坯

建立尺寸为 65.5mm×53.6mm×140.5mm 的毛坯，锁定世界坐标系，如图 8-4 所示。

（三）建立工件坐标系

根据加工方法建立工件坐标系：第一次粗加工，建立坐标系“1”；第二次粗加工，建立坐标系“2”；雕刻部分分别建立坐标系“3、4、5、6”；其他加工方式，使用世界坐标系（图 8-5）。

（四）创建加工刀具

加工奖杯需要用到 3 把刀具：直径 ϕ12mm 的立铣刀（D12）、直径 ϕ8mm 的圆柱形球头立铣刀（D8R4）、直径 ϕ6mm 的雕刻刀（D6R0.2）。

（五）创建加工刀具路径

第一道工序：开粗

激活坐标系“1”，激活立铣刀 D12，选择“模型区域清除”模式，打开“模型区域清除”对话框，设定刀具路径名称 D12，如图 8-6 所示。

单击对话框中的“用户坐标系”，确认是坐标系“1”。单击对话框中的“毛坯”，确认是世界坐标系定义的毛坯。单击“刀具”，确认是立铣刀 D12。“机床”

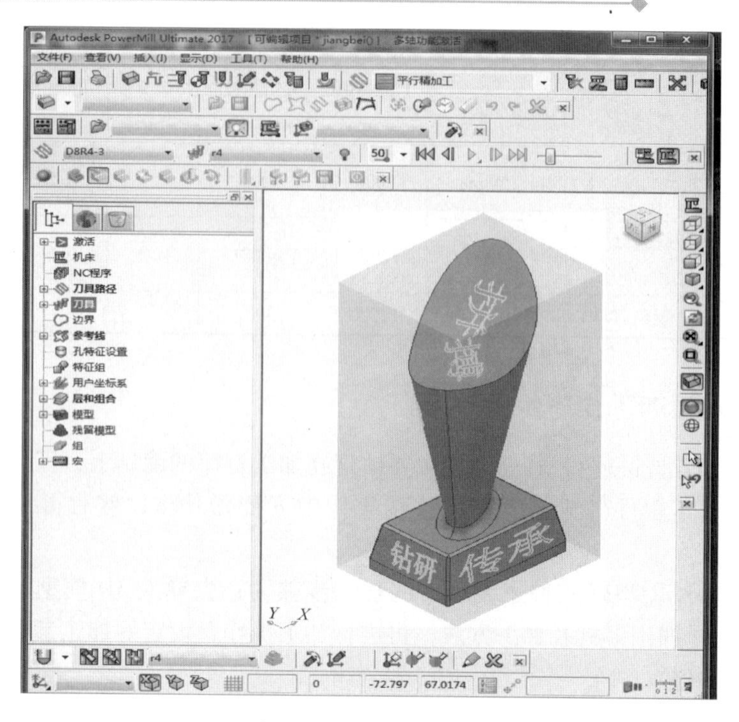

图 8-3　导入奖杯几何体

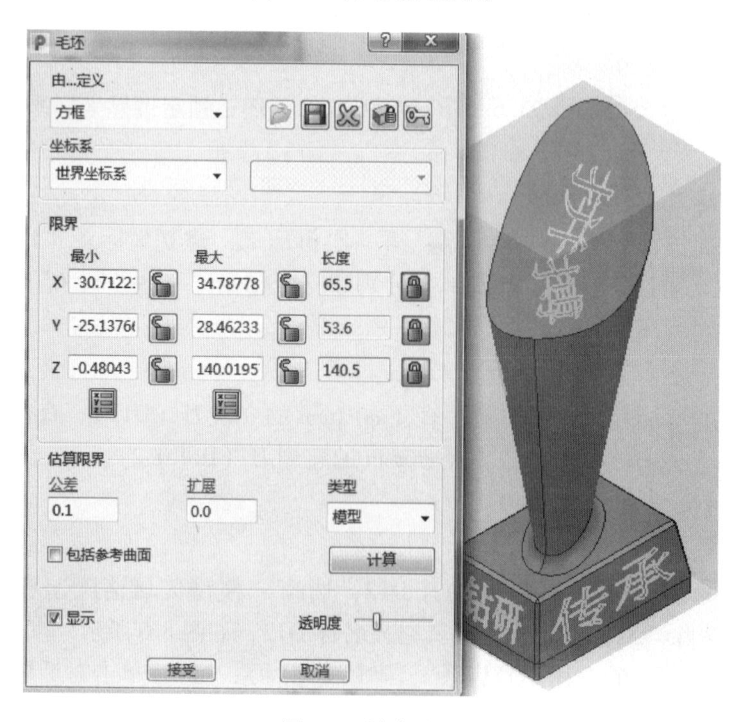

图 8-4　创建毛坯

和“限界”两项不用设置。单击“模型区域清除”，选取切削方向均为“任意”，余量为 0. 5mm，切削宽度为 8mm，切削深度为自动 1mm，恒定下切步距。单击“快进移动”，选择平面类型，坐标系“1”，单击“计算”来设定快进移动位置。单击“切入切出和连接”的“切入”选项，在第一选择中选取“斜向”，单击下边图标弹出“斜向切入选项”对话框，设定最大左斜角为 2°，高度为 1mm，单击“开始点和结束点”，设定为毛坯中心安全高度。单击“进给和转速”设定主轴转速为 3500r/min，进给速度为 2500mm/min，切削速度为 300mm/min，设定完成后单击“队列”，进入后台运算刀具路径，运算结果如图 8-7 所示。

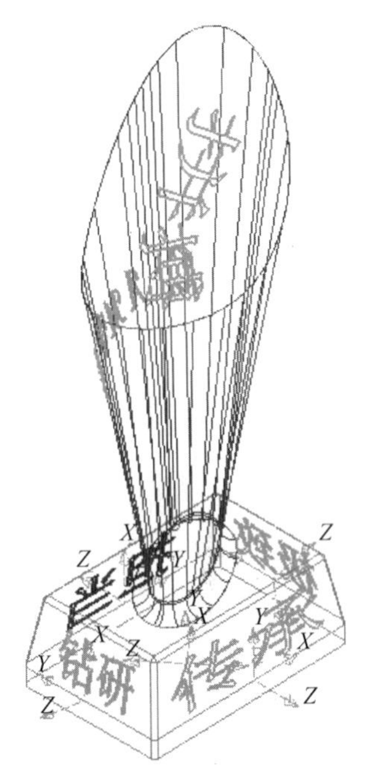

图 8-5　建立工件坐标系

激活坐标系“2”，激活立铣刀 D12，选择“模型区域清除”模式，打开对话框，设定刀具路径名称 D12-1，单击对话框中的“用户坐标系”，确认是坐标系“2”。单击对话框中的“毛坯”，确认是世界坐标系定义的毛坯。单击“刀具”，确认是立铣刀 D12。“机床”和“限界”两项不用设置。单击“模型区域清除”，选取切削方向均为“任意”，余量为 0. 5mm，切削宽度为 8mm，切削深度为自动 1mm，恒定下切步距。单击“快进移动”，选择平面类型，坐标系“1”，单击“计算”来设

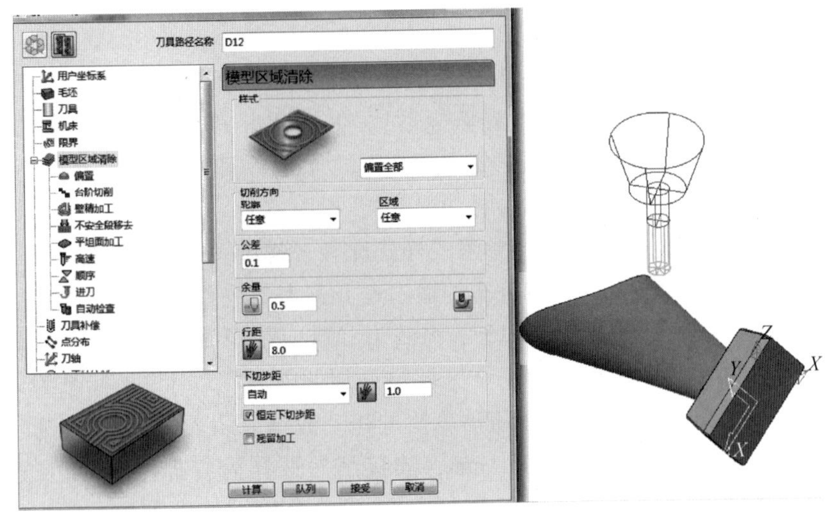

图 8-6　“模型区域清除”对话框

定快进移动位置。单击“切入切出和连接”的“切入”选项，在第一选择中选取“斜向”，单击下边图标弹出“斜向切入选项”对话框，设定最大左斜角为2°，高度为1mm，单击“开始点和结束点”，设定为毛坯中心安全高度。单击“进给和转速”设定主轴转速为3500r/min，进给速度为2500mm/min，切削速度为300mm/min，设定完成后单击“队列”，进入后台运算刀具路径，运算结果如图8-8所示。

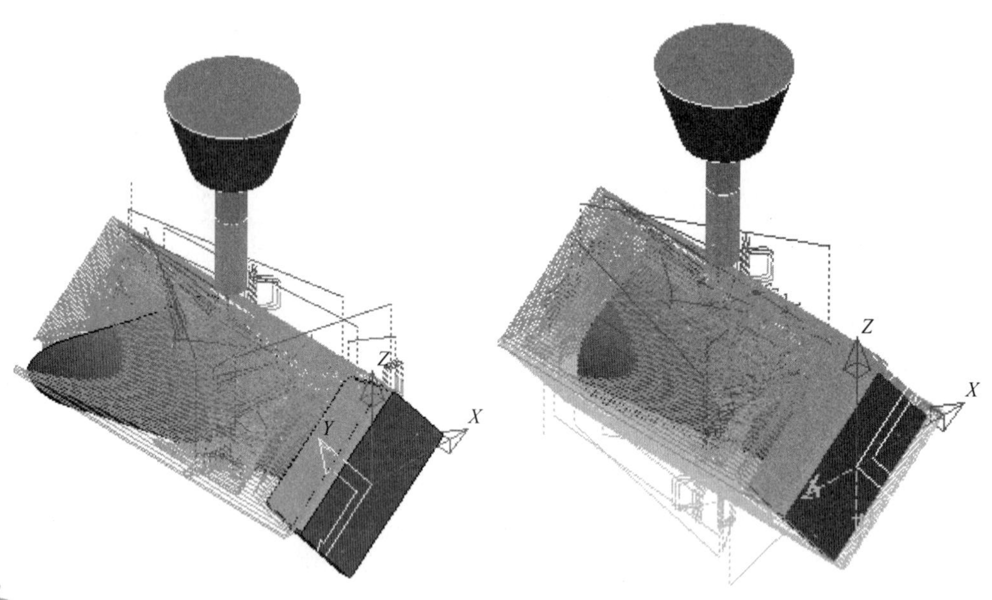

图8-7 粗加工刀具路径（一）　　图8-8 粗加工刀具路径（二）

第二道工序：半精加工

半精加工奖杯底托四周：单击“直线投影精加工”策略，名称为D8R4，用户坐标系选择“无”（默认为世界坐标系），毛坯为世界坐标系下定义的毛坯，刀具选用D8R4圆柱形球头立铣刀，“机床”“限界”和“毛坯切削”不设定。单击“直线投影”，参考线样式选用“螺旋”，投射方向“向内”，公差0.01mm，余量0.1mm，切削宽度0.5mm，参考线样式选择“螺旋”，方向为顺时针，高度开始为0mm，结束为23mm，点分布的输出点分布为“公差”并保留圆弧，公差为0.5mm，刀轴前倾/侧倾均为-15°，方式为“PowerMill 2012 R2”，加工轴控制方向类型为“自由”。快进移动安全区域类型为“圆柱”，用户坐标系为刀具路径用户坐标系。单击“计算”按钮计算快进移动数据，切入/切出连接为“曲面法向圆弧”，角度为90°，半径为1mm，连接第一选择为“掠过”，第二选择为“掠过”，默认为“相对”，开始点为毛坯中心安全高度，结束点为最后一点安全高度。定义主轴转速为8000r/min，进给速度为4000mm/min，切削速度为

500mm/min，设定完成后单击“队列”后台计算刀具路径。半精加工奖杯底托四周刀具路径如图 8-9 所示。

半精加工奖杯顶部曲面：选中加工曲面，单击“曲面精加工”策略，名称为 D8R4-1，用户坐标系选择“无”（默认为世界坐标系），毛坯为世界坐标系下定义的毛坯，刀具选用 D8R4 圆柱形球头立铣刀，“机床”“限界”和“毛坯切削”不设定。单击曲面精加工，曲面侧选择“外”，曲面单位选择“距离”，无过切公差为 0. 3mm，公差为 0. 01mm，余量为 0. 1mm，切削宽度为 0. 5mm，参考线方向选用“U”，加工顺序为“双向”，开始角为“最大 U 最大 V”，顺序为“无”。点分布的输出点分布为“公差”并保留圆弧，公差为 0. 5mm，刀轴前倾/侧倾均为-15°，方式为“PowerMill 2012 R2”，加工轴控制方向类型为“自由”。快进移动安全区域类型为“圆柱”，用户坐标系为刀具路径用户坐标系，单击“计算”按钮计算快进移动数据，切入/切出连接为“曲面法向圆弧”，角度为 90°，半径为 1mm，连接第一选择为“曲面上”，第二选择为“掠过”，默认为“相对”，开始点为毛坯中心安全高度，结束点为最后一点安全高度。定义主轴转速为 8000r/min，进给速度为 4000mm/min，切削速度为 500mm/min，设定完成后单击“队列”后台计算刀具路径。半精加工奖杯顶部曲面刀具路径如图 8-10 所示。

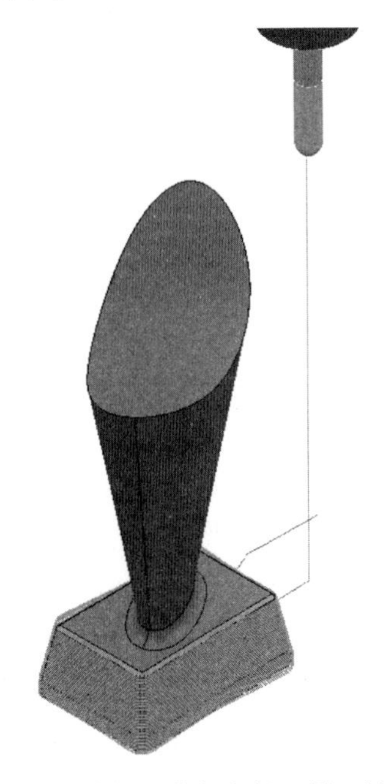

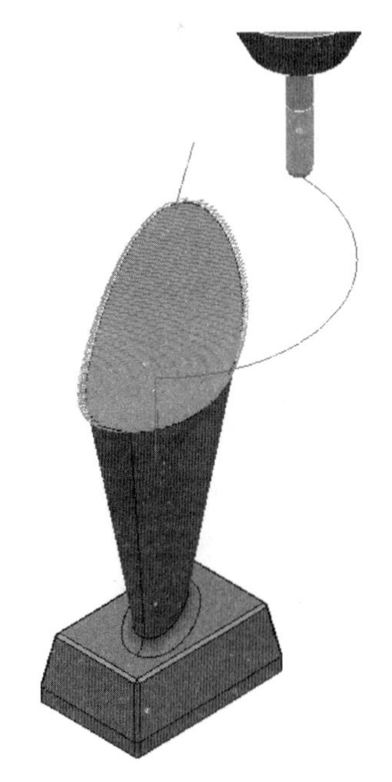

图 8-9　半精加工奖杯底托四周刀具路径

图 8-10　半精加工奖杯顶部曲面刀具路径

半精加工奖杯杯身：选中加工曲面，单击“曲面投影精加工”策略，名称为 D8R4-2，用户坐标系选择“无”（默认为世界坐标系），毛坯为世界坐标系下定义的毛坯，刀具选用 D8R4 圆柱形球头立铣刀，“机床”“限界”和“毛坯切削”不设定。单击“曲面投影”，曲面单位选择“距离”，光顺公差为 0.01mm，投射方向向内，公差 0.01mm，余量 0.1mm，切削宽度 0.5mm，参考线方向选用“U”，加工顺序为“螺旋”，开始角为“最小 U 最大 V”，限界距离选择“V”，开始 0，结束 108mm。点分布的输出点分布为“公差”并保留圆弧，公差为 0.5mm，刀轴前倾/侧倾均为 -30°，方式为“PowerMill 2012 R2”，加工轴控制方向类型为“自由”。快进移动安全区域类型为“圆柱”，“用户坐标系”为刀具路径用户坐标系，单击“计算”按钮计算快进移动数据，切入/切出连接为“曲面法向圆弧”，角度为 90°，半径为 1mm，连接第一选择为“掠过”，第二选择为“掠过”，默认为“相对”，开始点为毛坯中心安全高度，结束点为最后一点安全高度。定义主轴转速为 8000r/min，进给速度为 4000mm/min，切削速度为 500mm/min，设定完成后单击“队列”后台计算刀具路径。半精加工奖杯杯身刀具路径如图 8-11 所示。

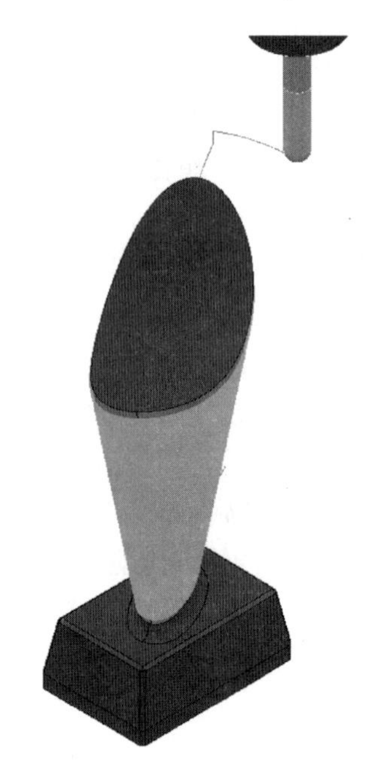

图 8-11　半精加工奖杯杯身刀具路径

半精加工奖杯底托上表面：选中加工曲面，单击“曲面投影精加工”策略，名称为 D8R4-3，用户坐标系选择“无”（默认为世界坐标系），毛坯为世界坐标系下定义的毛坯，刀具选用 D8R4 圆柱形球头立铣刀，“机床”“限界”和“毛坯切削”不设定。单击“点投影”，位置（0，0，23），投射方向向内，公差 0.01mm，余量 0.1mm，角度增量 0.3mm，参考线样式选择“螺旋”，方向为顺时针，界限仰角开始 0，结束为 26°。点分布的输出点分布为“公差”并保留圆弧，公差为 0.5mm，刀轴前倾/侧倾均为-30°，方式为“PowerMill 2012 R2”，加工轴控制方向类型为“自由”。快进移动安全区域类型为“圆柱”，“用户坐标系”为刀具路径用户坐标系，单击“计算”按钮计算快进移动数据，切入/切出连接为“曲面法向圆弧”，角度为 90°，半径为 1mm，连接第一选择为“掠过”，第二选择为“掠过”，默认为“相对”，开始点为毛坯中心安全高度，结束点为最后一点安全高度。定义主轴转速为 8000r/min，进给速度为 4000mm/min，切削速度为 500mm/min，设定完成后单击“队列”后台计算刀具路径。半精加工奖杯底托上表面刀具路径如图 8-12 所示。

第三道工序：精加工

精加工奖杯底托四周：单击“直线投影精加工”策略，名称为 D8R41，“用户坐标系”选择“无”（默认为世界坐标系），“毛坯”为世界坐标系下定义的毛坯，“刀具”选用 D8R4 圆柱形球头立铣刀，“机床”“限界”和“毛坯切削”不设定。单击“直线投影”，参考线样式选用“螺旋”，投射方向向内，公差 0.01mm，余量 0mm，切削宽度 0.3mm，参考线样式选择“螺旋”，方向为顺时针，高度开始为 0mm，结束为 23mm。点分布的输出点分布为“公差”并保留圆弧，公差为 0.5mm，刀轴前倾/侧倾均为-15°，方式为“PowerMill 2012 R2”，加工轴控制方向类型为“自由”。快进移动安全区域类型为“圆柱”，用户坐标系为刀具路径用户坐标系，单击“计算”按钮计算快进移动数据，切入/切出连接为“曲面法向圆弧”，角度为 90°，半径为 1mm，连接第一选择为“掠过”，第二选择为“掠过”，默认为“相对”，开始点为毛坯中心安全高度，结束点为最后一点安全高度。定义主轴转速为 12000r/min，进给速度为 4000mm/min，切削速度为 500mm/min，设定完成后单击“队列”后台计算刀具路径。精加工奖杯底托四周刀具路径如图 8-13 所示。

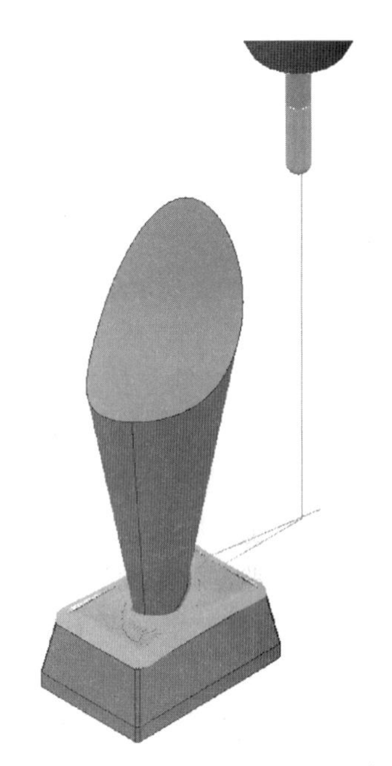

图 8-12　半精加工奖杯底托上表面刀具路径

精加工奖杯顶部曲面：选中加工曲面，单击“曲面精加工”策略，名称为 D8R41-1，“用户坐标系”选择“无”（默认为世界坐标系），“毛坯”为世界坐标系下定义的毛坯，“刀具”选用 D8R4 圆柱形球头立铣刀，“机床”“限界”和“毛坯切削”不设定。单击“曲面精加工”，曲面侧选择“外”，曲面单位选择“距离”，无过切公差为 0.3mm，公差为 0.01mm，余量为 0mm，切削宽度为 0.3mm，参考线方向选用“U”，加工顺序为“双向”，开始角为“最大 U 最大 V”，顺序为“无”。点分布的输出点分布为“公差”并保留圆弧，公差为 0.5mm，刀轴前倾/侧倾均为-15°，方式为“PowerMill 2012 R2”，加工轴控制方向类型为“自由”。快进移动安全区域类型为

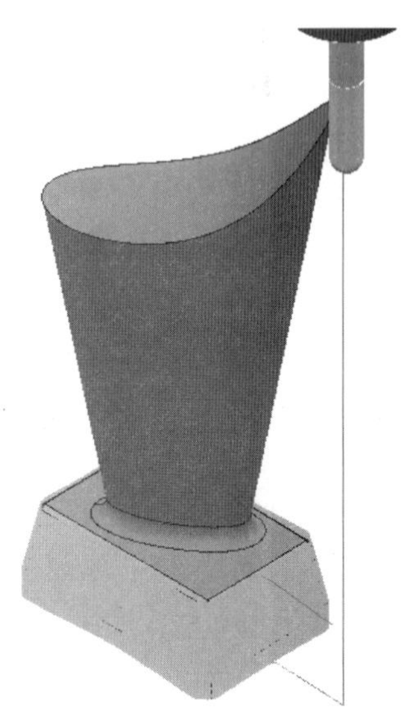

图 8-13　精加工奖杯底托四周刀具路径

"圆柱"，用户坐标系为刀具路径用户坐标系，单击"计算"按钮计算快进移动数据，切入/切出连接为"曲面法向圆弧"，角度为90°，半径为1mm，连接第一选择为"曲面上"，第二选择为"掠过"，默认为"相对"，开始点为毛坯中心安全高度，结束点为最后一点安全高度；定义主轴转速为12000r/min，进给速度为4000mm/min，切削速度为500mm/min，设定完成后单击"队列"后台计算刀具路径。精加工奖杯顶部曲面如图8-14所示。

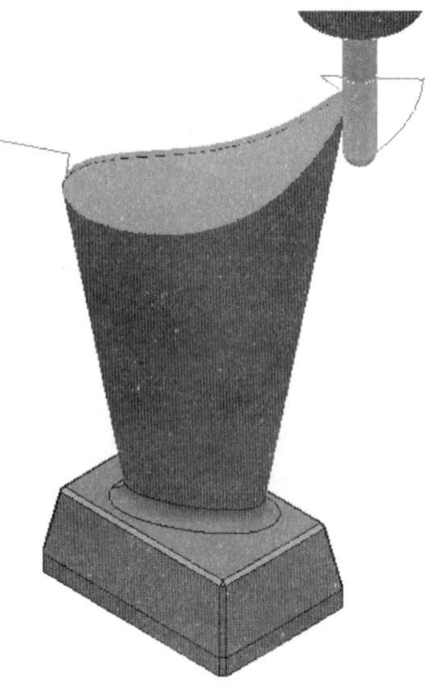

图 8-14　精加工奖杯顶部曲面刀具路径

精加工奖杯杯身：选中加工曲面，单击"曲面投影精加工"策略，名称为 D8R41-2，用户坐标系选择"无"（默认为世界坐标系），"毛坯"为世界坐标系下定义的毛坯，"刀具"选用 D8R4 圆柱形球头立铣刀，"机床""限界"和"毛坯切削"不设定。单击"曲面投影"，曲面单位选择"距离"，光顺公差为0.01mm，投射方向向内，公差0.01mm，余量0mm，切削宽度0.3mm，参考线方向选用"U"，加工顺序为"螺旋"，开始角为"最小U最大V"，限界距离选择"V"，开始0，结束108mm。点分布的输出点分布为"公差"并保留圆弧，公差为0.5mm，刀轴前倾/侧倾均为-30°，方式为"PowerMill 2012 R2"，加工轴控制方向类型为"自由"。快进移动安全区域类型为"圆柱"，"用户坐标系"为刀具路径用户坐标系，单击"计算"按钮计算快进移动数据，切入/切出连接为"曲面法向圆弧"，角度为90°，半径为1mm，连接第一选择为"掠过"，第二选择为"掠过"，默认为"相对"，"开始点"为毛坯中心安全高度，"结束点"为最后一点安全高度。定义主轴转速为12000r/min，进给速度为4000mm/min，切削速度为500mm/min，设定完成后单击"队列"后台计算刀具路径。精加工奖杯杯身刀具路径如图8-15所示。

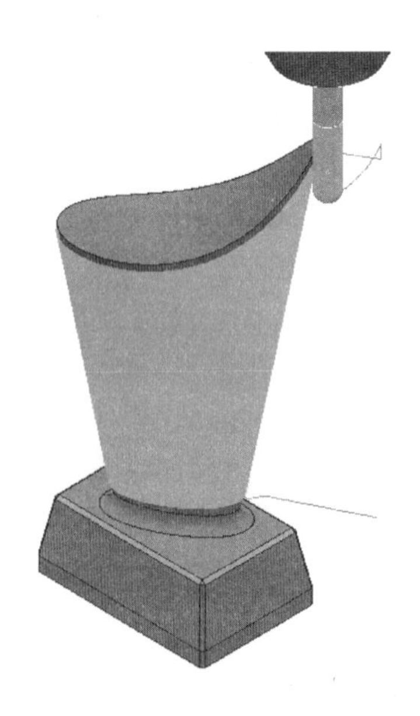

图 8-15　精加工奖杯杯身刀具路径

精加工奖杯底托上表面：选中加工曲面，单击“曲面投影精加工”策略，名称为 D8R41-3，“用户坐标系”选择“无”（默认为世界坐标系），“毛坯”为世界坐标系下定义的毛坯，“刀具”选用 D8R4 圆柱形球头立铣刀，“机床”“限界”和“毛坯切削”不设定。单击“点投影”，位置（0，0，23），投射方向向内，公差 0.01mm，余量 0mm，角度增量 0.3mm，参考线样式选择“螺旋”，方向为顺时针，界限仰角开始 0，结束为 26°。点分布的输出点分布为“公差”并保留圆弧，公差为 0.5mm，刀轴前倾/侧倾均为 -30°，方式为“PowerMill 2012 R2”，加工轴控制方向类型为“自由”。快进移动安全区域类型为“圆柱”，用户坐标系为刀具路径用户坐标系，单击“计算”按钮计算快进移动数据，切入/切出连接为“曲面法向圆弧”，角度为 90°，半径为 1mm，连接第一选择为“掠过”，第二选择为“掠过”，默认为“相对”，“开始点”为毛坯中心安全高度，“结束点”为最后一点安全高度。定义主轴转速为 12000r/min，进给速度为 4000mm/min，切削速度为 500mm/min，设定完成后单击“队列”后台计算刀具路径。精加工奖杯底托上表面刀具路径如图 8-16 所示。

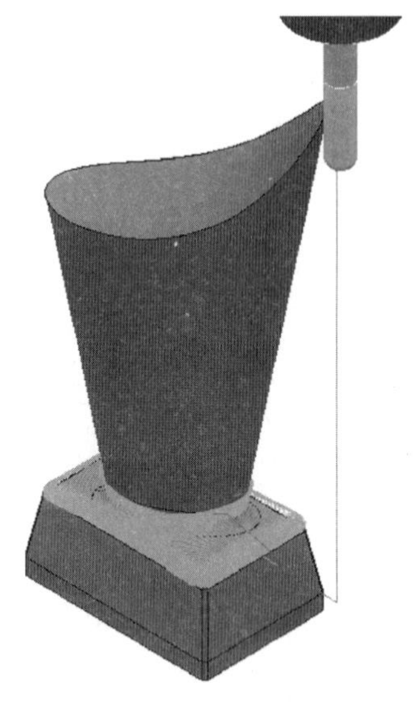

图 8-16　精加工奖杯底托上表面刀具路径

清角精加工：选中加工曲面，单击“曲面投影精加工”策略，名称为 D8R41-4，“用户坐标系”选择“无”（默认为世界坐标系），“毛坯”为世界坐标系下定义的毛坯，“刀具”选用 D8R4 圆柱形球头立铣刀，“机床”“限界”和“毛坯切削不设定”。单击“曲面投影”，曲面单位为“距离”，投射方向向内，公差 0.01mm，余量 0mm，角度增量 0.2mm，参考线方向选择“U”，开始角“最小 U 最小 V”，限界 V 开始 1.0mm，结束 5.5mm。点分布的输出点分布为“公差”并保留圆弧，公差为 0.5mm，刀轴为朝向点（0，0，15），方式为“PowerMill 2012 R2”，加工轴控制方向类型为“自由”。快进移动安全区域类型为“平面”，“用户坐标系”为刀具路径用户坐标系，单击“计算”按钮计算快进移动数据。切入/切出连接为“曲面法向圆弧”，角度为 90°，半径为 1mm，连接第一选择为“掠过”，第二选择为“掠过”，默认为“相对”，开始点为毛坯中心安全高度，结束点为最后一点安全高度。定义主轴转速为 12000r/min，进给速度为 4000mm/min，切削速度为 500mm/min，设定完成后单击“队列”后台计算刀具路径。清角精加工刀具路径如图 8-17 所示。

第四道工序：雕刻

1. 产生参考线

右键单击“产生参考线”。右键单击“参考线 1”，激活曲线编辑器，打开“线框显示”模式。通过获取曲线方式拾取“CAM 专家”等，单击“接受改变”完成产生的参考线。通过单击参考线的“显示”按钮检查参考线选取是否正确。然后分别激活坐标系“3”～坐标系“6”，分别产生参考线“3”～参考线“6”，如图 8-18 所示。

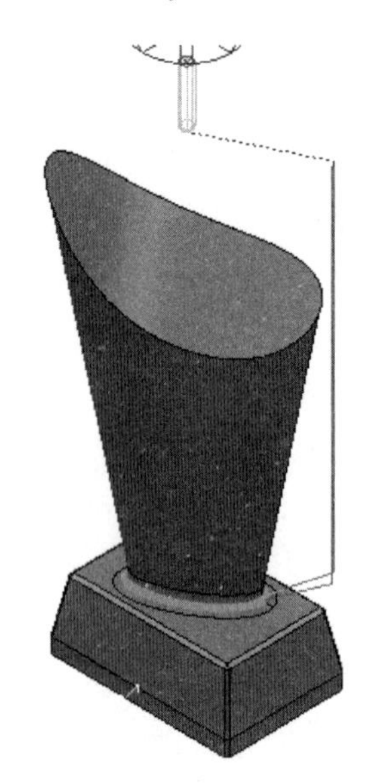

图 8-17 清角精加工刀具路径

2. 参考线精加工

选取精加工策略里的“参考线精加工”，定义名称为“8”。定义刀具名称“KZ”并选取“世界坐标系”，“刀具”选取定义的雕刻刀，在“参考线”里选取“1”，余量为 0，“刀轴”改为“垂直”，切入切出改为“无”。定义主轴转速为 12000r/min，进给速度为 300mm/min，切削速度为 300mm/min，设定完成后单击“队列”后台计算刀具路径。同理在世界坐标系下，定义刀具路径“8-1”，然后激活不同的坐标系，定义其余参考线精加工（图 8-19）。

图 8-18 产生参考线

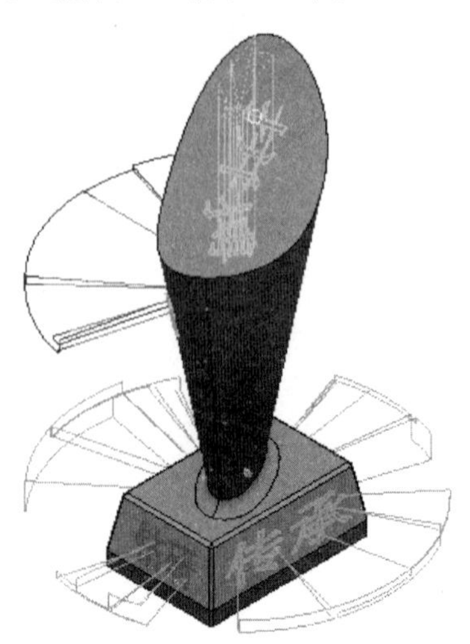

图 8-19 参考线精加工

（六）刀具路径仿真

鼠标右键单击“粗加工刀具路径”，选取“自动开始仿真”，打开 ViewMill，单击“彩虹阴影图像”；然后单击“运行到末端”按钮，分别开始仿真粗加工刀具路径，仿真结果如图 8-20a 所示。

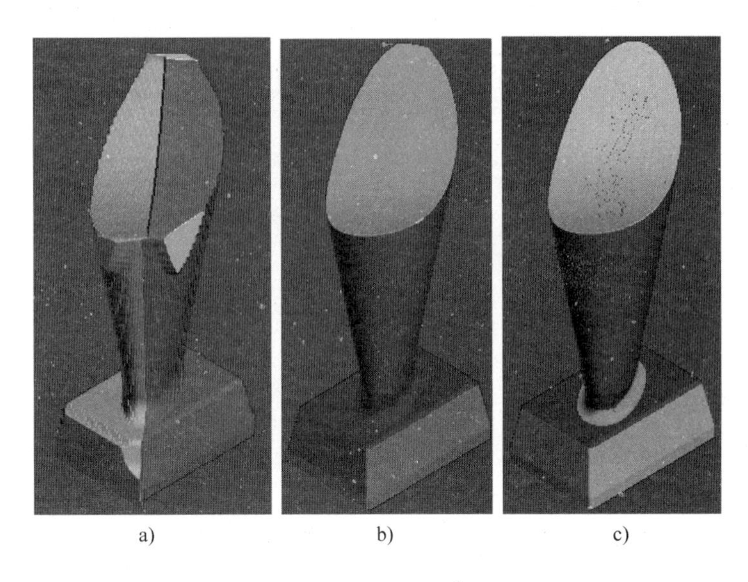

a)　　b)　　c)

图 8-20　刀具路径仿真示意图

接下来仿真半精加工刀具路径，仿真结果如图 8-20b 所示。仿真精加工刀具路径和雕刻刀具路径，仿真结果如图 8-20c 所示。

（七）后置处理

鼠标右键单击“数控程序”，选取“参数选择”按钮，弹出“NC 参数选择”对话框（图 8-21），定义输出文件夹路径，输出文件夹扩展名称，选取“机床选项文件”为后置处理文件，选取“输出用户坐标系”，单击“关闭”。

后置处理参数设定好后，右键单击“刀具路径”，选取“产生独立的数控程序”，在数控程序里产生了多条程序文件，全部选中，右键单击“数控程序”，选取“全部写入”，开始进行后处理，生成数控代码。后处理成功后图标变为绿色，如图 8-22 所示。

六、加工过程

（一）准备工作

（1）备料　毛坯采用 2A12 铝合金，尺寸为 65. 5mm×53. 6mm×140. 5mm，在工件的底面分度圆上加工 4×M6$\overline{\mathrm{v}}$15 的螺纹孔，保证这 4 个 M6 螺纹孔分度圆与毛坯外圆同轴。毛坯表面粗糙度值为 $Ra1.6\mu m$。

（2）准备刀具　要准备 ϕ12mm 立铣刀（D12）、ϕ8mm 圆柱形球头立铣刀

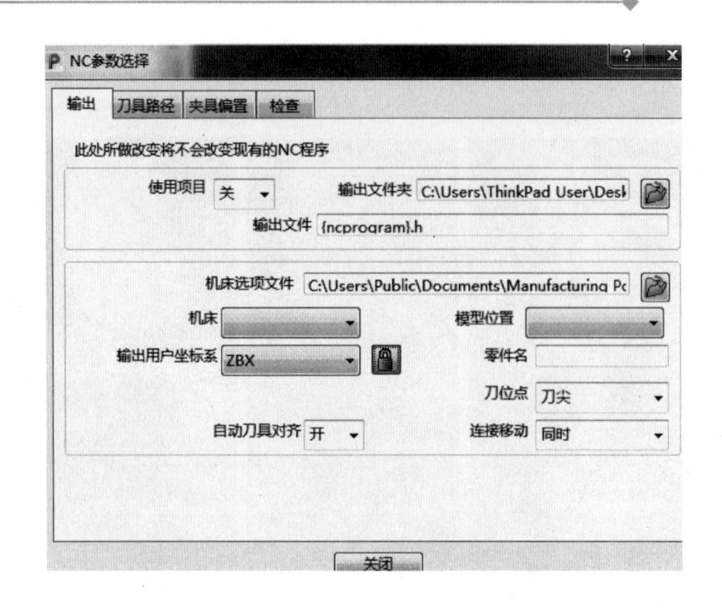

图 8-21　“NC 参数选择”对话框

(D8R4)、ϕ6mm 雕刻刀 (D6R0.2)。先将刀具按照编程时设定的长度进行装夹，然后对好刀具长度，接着将刀具长度输入到刀具表里，最后将刀具装到机床刀库中。

(3) 其他工具　自制夹具 (图 8-23)。同之前介绍的自制夹具一样，对于五轴联动数控机床来讲，能够更好地避免坐标轴联动时产生干涉。

NC程序
D12
D12-1
D8R4
D8R4-1
D8R4-2
D8R4-3
D8R41
D8R41-1
D8R41-2
D8R41-3
D8R41-4

图 8-22　后置处理数控程序

(二) 找正和装夹工件

夹具底部中心的销与回转工作台中心孔采用小间隙配合，用 4 个 M12 内六角圆柱头螺钉配合 T 形块锁紧在回转工作台上，保证夹具的上外圆与回转工作台中心孔同轴度公差为 ϕ0.02mm。将毛坯用 4 个 M6 内六角圆柱头螺钉固定在夹具上，毛坯、夹具装夹示意图如图 8-24 所示。

(三) 确定工件坐标系和对刀

本工件加工原点的 *X* 轴、*Y* 轴坐标由回转工作台中心位置确定，Z0 位置在工件的上表面。利用机床雷尼绍测头将工件坐标系原点输入到机床坐标系中。五轴联动数控机床的对刀是将每把刀具装在机床刀库里，然后在工件的 Z0 表面上对好刀长，最后输入到刀具表的刀具长度参数地址。

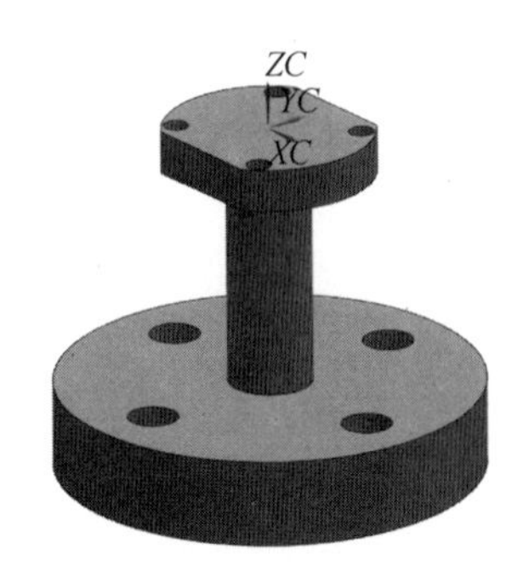

图 8-23　自制夹具锁紧在回转工作台上

图 8-24　毛坯、夹具装夹示意图

（四）加工

加工是由机床按照编制好的加工程序自动执行，同普通数控铣床的加工没有区别，只需要按顺序更换刀具和调用程序，再执行程序即可。加工过程中控制好机床，避免发生碰撞。在加工前务必定义好刀柄形状，利用软件仿真功能验证程序有无碰撞现象，若有碰撞及干涉现象则及时更改策略。

加工过程中，可根据加工的实际情况，适当调整加工时主轴转速和进给速度的倍率来控制切削速度。

七、技术点评

1）在精加工清角时最好使用直径较小的圆柱形球头立铣刀，这样效果会更好。

2）在加工过程中，刀具长度测量务必准确。编程时每个精加工刀具路径余量务必一致。

人体模型的加工解析

一、图样技术要求及毛坯

人体模型的 3D 图如图 9-1 所示。

人体模型的毛坯如图 9-2 所示。毛坯采用 110. 8mm×148. 3mm×310. 6mm 的 2A12 铝合金，在工件的底面分度圆上加工 4×M6↧15，保证这 4 个 M6 螺纹孔分度圆与毛坯外圆同轴。毛坯表面粗糙度值为 Ra1. 6μm。

二、图样分析

人体模型显然是在五轴联动数控机床上进行加工的零件。人体模型由若干个片体构成，表面粗糙度直接影响加工零件的美观性，所以表面粗糙度值要求全部不大于 Ra3. 2μm。人体模型空间曲面上有刻字装饰，用雕刻的方法加工。

图 9-1 人体模型的 3D 图

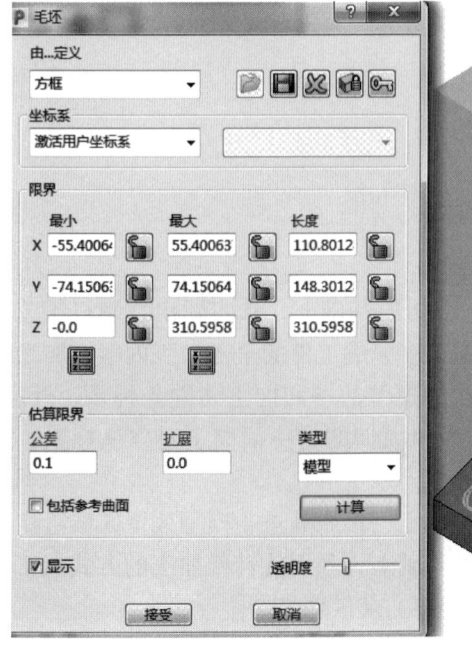

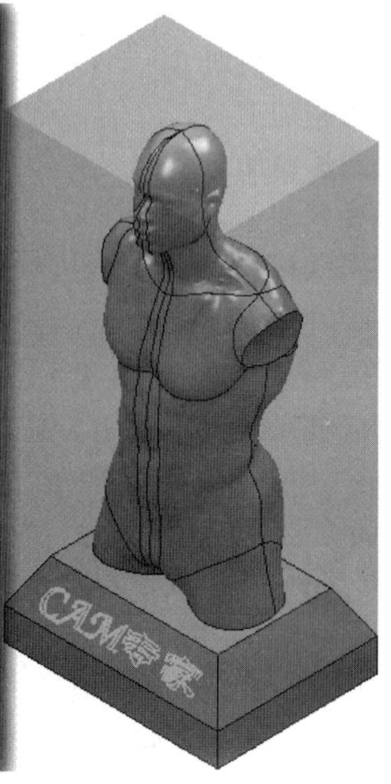

图 9-2 人体模型的毛坯

三、工艺分析

人体模型的加工过程可分为五大步：粗加工一、粗加工二、半精加工、精加工和雕刻。

（一）确定定位基准

工件坐标系选择在人体模型的底部中心，即 *X*、*Y* 选择在工件的中心、*Z* 在毛坯底面上。

（二）加工难点

1）CAM 软件的编程。

2）精加工策略的选用。

3）选用合理的加工工艺，以降低工件的表面粗糙度值。

（三）刀具干涉检查

定义刀具时，设计好安装的刀柄形状。通过仿真检查刀具是否干涉。

（四）重点编程功能

1）模型区域清除。

2）模型残留区域清除。

3）旋转精加工。

4）直线投影精加工。

5）螺旋精加工。

6）点投影精加工。

7）清角精加工。

8）参考线精加工。

（五）工艺方案

通过 3D 模型的分析，在工艺分析的基础上，从实际出发制订工艺方案。通过工件的几何形状分析，采用 5 道工序完成工件的全部加工内容。加工顺序为：

第一道工序：将工件旋转，人体模型的一面向上建立坐标系，开启粗加工，留有 0.5mm 余量；将工件旋转，人体模型的另一面向上建立坐标系，开启精加工，留有 0.5mm 余量。

第二道工序：在粗加工一的基础上，参照其进行模型残留区域清除。

第三道工序：在两次粗加工的基础上，利用旋转精加工的方式加工，为精加工留有 0.3mm 余量，保证精加工的加工余量均匀。

第四道工序：精加工（加工底托四周、加工人身体、加工人体头顶、加工底托上表面、加工人头面部），提高工件表面的质量，切削速度避开机床共振点。

第五道工序：雕刻刀刻字。

（六）确定程序设计思路

第一道工序：利用模型区域清除方式去除 1/2 部分余量，采用小切削深度、大进给方式加工；利用模型区域清除方式去除另外 1/2 部分余量，也采用小切削深度、大进给方式加工。

第二道工序：在第一次粗加工的基础上，精化粗加工质量，使粗加工完成后的毛坯余量均匀。

第三道工序：利用圆柱形球头立铣刀旋转精加工（半精加工）的方式，去除余量，为精加工提供均匀的余量。

第四道工序：利用圆柱形球头立铣刀直线投影、螺旋、清角、点投影的精加工方式进行精加工，提高工件表面的质量。

第五道工序：利用雕刻刀具刻字，文字需清晰可辨。

四、加工工艺卡片

序号	工步	刀具名称	规格	主轴转速/（r/min）	进给速度/（mm/min）	切削宽度/mm	切削深度/mm	坐标系
1	粗加工一	立铣刀	D25（ϕ25mm）	3500	2500	18	1	1
			D12（ϕ12mm）	3500	2500	8	1	2
2	粗加工二	圆柱形球头立铣刀	D10R5（ϕ10mm）	5000	3000	4	0.5	1
				5000	3000	4	0.5	2
3	半精加工			8000	4000	1	0.5	世界坐标系
4	精加工			12000	4000	0.3	0.5	世界坐标系
5	雕刻	雕刻刀	D6R0.2（ϕ6mm）	12000	300			世界坐标系

五、编写加工程序步骤

人体模型加工比较复杂，其复杂性主要体现在加工程序的编制上，因此应首先明确在利用 CAM 软件生成加工程序这项工作中需要做什么，然后再一步一步地实施。

用 PowerMill 2017 软件来编程，编程的步骤为：先导入 3D 模型、建立工件坐标系、选择加工刀具及加工方法，再进行加工操作，设定好加工参数，最后生成加工刀具路径。

（一）导入几何体

导入人体模型几何体到编程软件，如图 9-3 所示。

图 9-3 导入人体模型几何体

（二）创建毛坯

建立尺寸为 110. 8mm×148. 3mm×310. 6mm 的毛坯，锁定世界坐标系，如图 9-4 所示。

（三）建立工件坐标系

如图 9-5 所示，根据加工方法建立工件坐标系：粗加工一，建立坐标系“1”“2”；粗加工二，建立坐标系“1”“2”；其他加工方式，使用世界坐标系。

（四）创建加工刀具

加工人体模型需要用到五把刀具：直径 ϕ25mm 的立铣刀（D25）、直径 ϕ12mm 的立铣刀（D12）、直径 ϕ10mm 的圆柱形球头立铣刀（D10R5）、直径 ϕ6mm 的雕刻刀（D6R0. 2）。

（五）创建加工刀具路径

第一道工序：粗加工一

图 9-4 创建毛坯

图 9-5 建立工件坐标系

激活坐标系“1”，激活立铣刀 D25，选择“模型区域清除”模式，打开对话框，设定刀具路径名称 D25。

单击对话框中的“用户坐标系”，确认是坐标系“1”；单击对话框中的毛坯，确认是世界坐标系定义的毛坯。单击“刀具”，确认是立铣刀 D25。“机床”和“界限”两项不用设置。单击“模型区域清除”，选取切削方向均为“任意”，余量为 0.5mm，切削宽度为 18mm，切削深度为自动 1mm，恒定下切步距。单击“快进移动”，选择平面类型，坐标系“1”，单击“计算”来设定快进移动位置。单击“切入切出和连接”的“切入”选项，在第一选择中选取“斜向”，单击下边图标弹出“斜向切入选项”对话框，设定最大左斜角为 2°，高度为 1mm，单击“开始点和结束点”，设定为毛坯中心安全高度。单击“进给和转速”设定主轴转速为 3500r/min，进给速度为 2500mm/min，切削速度为 300mm/min，设定完成后单击“队列”，进入后台运算刀具路径，运算结果如图 9-6 所示。

图 9-6　粗加工刀具路径（一）

激活坐标系“2”，激活立铣刀 D12，选择“模型区域清除”模式，打开对话框，设定刀具路径名称 D12-1，单击对话框中的“用户坐标系”，确认是坐标系“2”。单击对话框中的“毛坯”，确认是世界坐标系定义的毛坯。单击“刀具”，确认是立铣刀 D12。“机床”和“界限”两项不用设置。单击“模型区域清除”，选取切削方向均为“任意”，余量为 0.5mm，切削宽度为 8mm，切削深度为自动 1mm，恒定下切步距。单击“快进移动”，选择平面类型，坐标系“1”，单击“计算”来设定快进移动位置。单击“切入切出和连接”的“切入”选项，在第一选择中选取“斜向”，单击下边图标弹出“斜向切入选项”对话框，设定最大左斜角为 2°，高度为 1mm。单击“开始点和结束点”，设定为毛坯中心安全高度。单击“进给和转速”设定主轴转速为 3500r/min，进给速度为 2500mm/min，切削速度为 300mm/min，设定完成后单击“队列”，进入后台运算刀具路径，运算结果如图 9-7 所示。

第二道工序：粗加工二

激活坐标系“1”，激活圆柱形球头立铣刀 D10R5，选择“残留模型区域清除”模式，打开对话框，设定刀具路径名称 D10R5。单击对话框中的“用户坐标系”，确认是坐标系“1”。单击对话框中的“毛坯”，确认是世界坐标系定义的毛坯。单击“刀具”，确认是圆柱形球头立铣刀 D10R5。“机床”不用设置。

图 9-7　粗加工刀具路径（二）

单击“界限”，定义边界如图 9-8 所示。

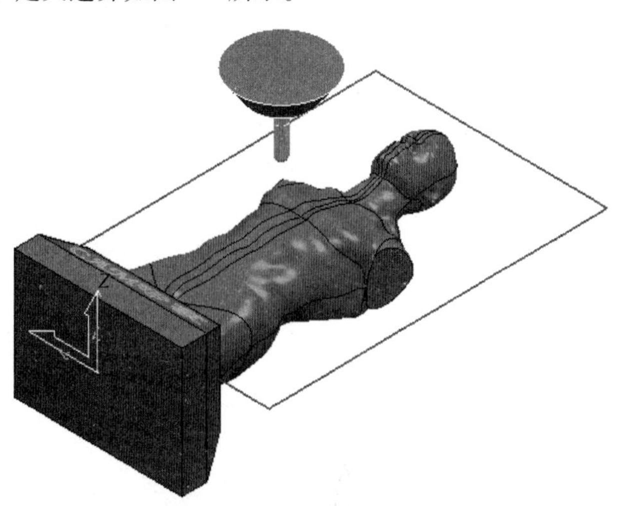

图 9-8　定义边界

单击“残留模型区域”清除，选取切削方向均为“任意”，余量为 0. 5mm，切削宽度为 4mm，切削深度为自动 0. 5mm，勾选“恒定下切步距”和“残留加工”。单击“残留”，残留加工选取“刀具路径”，选取 D25 刀具路径。单击“快进移动”，选择平面类型，坐标系“1”，单击“计算”来设定快进移动位置。单击“切入切出和连接”的“切入”选项，在第一选择中选取“斜向”，单击下边图标弹出“斜向切入选项”对话框，设定最大左斜角为2°，高度为0.5mm。单击“开始点和结束点”，设定为毛坯中心安全高度。单击“进给和转速”设定主轴转速为5000r/min，进给速度为3000mm/min，切削速度为300mm/min，设定完成后单击“队列”，进入后台运算刀具路径，运算结果如图9-9所示。

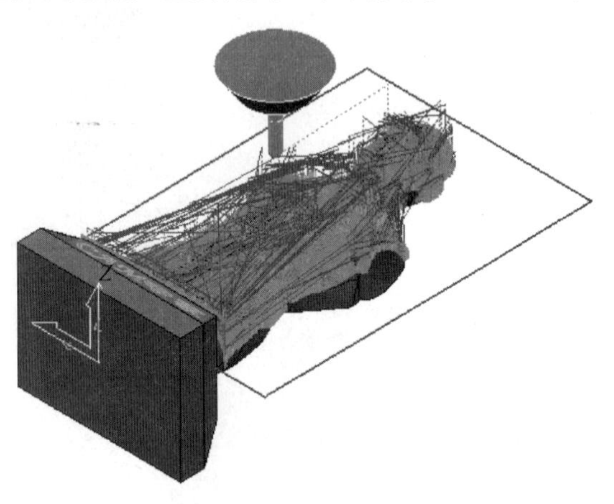

图9-9 粗加工刀具路径（一）

激活圆柱形球头立铣刀D10R5，选择“残留模型区域清除”模式，打开对话框，设定刀具路径名称D10R5-1。单击对话框中的“用户坐标系”，确认是坐标系“2”。单击对话框中的“毛坯”，确认是世界坐标系定义的毛坯。单击“刀具”，确认是圆柱形球头立铣刀D10R5。“机床”不用设置，单击“限界”，边界选用“边界1”。单击“残留模型区域清除”，选取切削方向均为“任意”，余量为0.5mm，切削宽度为4mm，切削深度为自动0.5mm，勾选“恒定下切步距”和“残留加工”。单击“残留”，残留加工选取D25刀具路径，单击“快进移动”，选择平面类型，坐标系“1”，单击“计算”来设定快进移动位置。单击“切入切出和连接”的“切入”选项，在第一选择中选取“斜向”，单击下边图标弹出“斜向切入选项”对话框，设定最大左斜角为2°，高度为0.5mm，单击“开始点和结束点”，设定为毛坯中心安全高度。单击“进给和转速”设定主轴转速为5000r/min，进给速度为3000mm/min，切削速度为300mm/min，设定完成后单击“队列”，进入后台运算刀具路径，运算结果如图9-10所示。

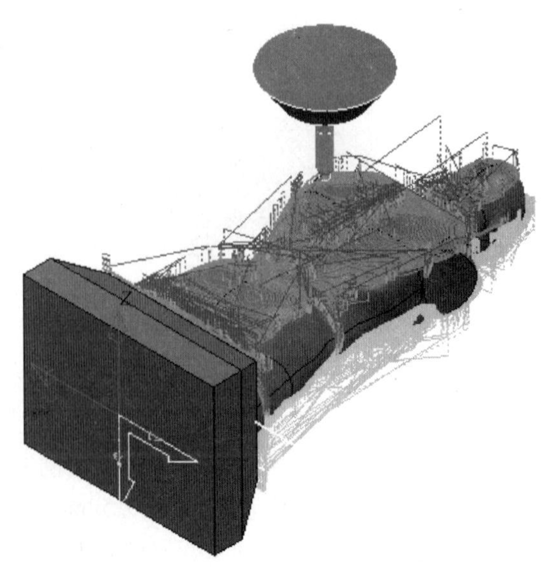

图9-10 粗加工刀具路径（二）

第三道工序：半精加工

单击“旋转精加工”策略，名称为 D10R5-2，“用户坐标系”选择坐标系“1”，“毛坯”为世界坐标系下定义的毛坯，“刀具”选用 D10R5 球头立铣刀，“机床”“限界”和“毛坯切削”不设定。单击“旋转精加工”，X 限界开始为 310mm、结束为 0mm，参考线样式选用“螺旋”，公差 0.01mm，余量 0.3mm，切削宽度 1.0mm，点分布的输出点分布为“公差”并保留圆弧，公差为 0.5mm，加工轴控制方向类型为“自由”。快进移动安全区域类型为平面，用户坐标系为世界坐标系，单击“计算”按钮计算快进移动数据。切入/切出连接为曲面法向圆弧，角度为 90°，半径为 2mm，连接第一选择为“曲面上”，第二选择为“掠过”，默认为“相对”，开始点为毛坯中心安全高度，结束点为最后一点安全高度。定义主轴转速为 8000r/min，进给速度为 4000mm/min，切削速度为 500mm/min，设定完成后单击“队列”后台计算刀具路径。半精加工人体模型刀具路径如图 9-11 所示。

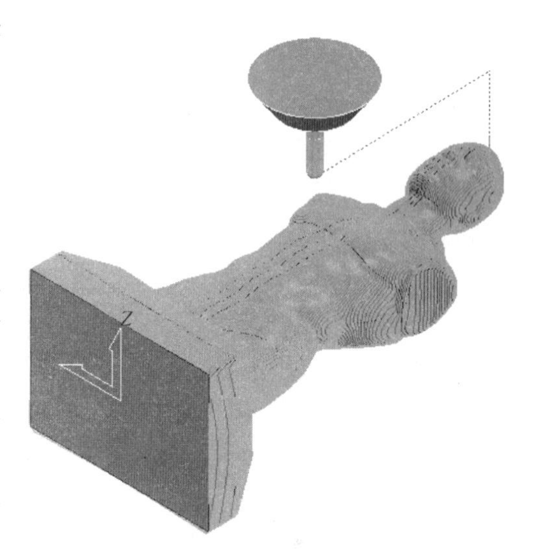

图 9-11　半精加工人体模型刀具路径

第四道工序：精加工

精加工人体模型底托四周：单击“直线投影精加工”策略，名称为 D10R5-3，“用户坐标系”选择坐标系“1”，“毛坯”为世界坐标系下定义的毛坯，“刀具”选用 D10R5 球头立铣刀，“机床”“限界”和“毛坯切削”不设定。单击“直线投影”，参考线样式选用“螺旋”，投射方向向内，公差 0.1mm，余量 0mm，切削宽度 0.3mm，参考线样式选择“螺旋”，方向为顺时针，高度开始为 0mm，结束为 50mm。点分布的输出点分布为“公差”并保留圆弧，公差为 0.5mm，刀轴为“朝向直线”，方向为（1，0，0），方式为“PowerMill 2012 R2”，加工轴控制方向类型为“自由”。快进移动安全区域类型为“圆柱”，“用户坐标系”为刀具路径用户坐标系，单击“计算”按钮计算快进移动数据，切入/切出连接为“曲面法向圆弧”，角度为 90°，半径为 2mm，连接第一选择为“曲面上”，第二选择为“掠过”，默认为“相对”，“开始点”为毛坯中心安全高度，“结束点”为最后一点安全高度。定义主轴转速为 12000r/min，切削速度为 4000mm/min，进给速度为 500mm/min，设定完成后单击“队列”后台计算刀具路径。精加工人体模型底托四周刀具路径如图 9-12 所示。

精加工人身体：激活 1 号坐标系，单击“直线投影精加工”策略，名称为

D6R3，“用户坐标系”选择坐标系“1”，“毛坯”为世界坐标系下定义的毛坯，“刀具”选用D6R3圆柱形球头立铣刀，“机床”“限界”和“毛坯切削”不设定。单击“直线投影”，参考线样式为“螺旋”，仰角为90°，投射方向向内，公差0.05mm，余量0mm，切削宽度0.3mm，参考线样式选用“螺旋”，方向为顺时针，限界角度开始角为310mm，结束为50mm。点分布的输出点分布为“公差”并保留圆弧，公差为0.5mm，刀轴为“朝向直线”，方向为（1，0，0），方式为“PowerMill 2012 R2”，加工轴控制方向类型为“自由”。快进移动安全区域类型为“圆柱”，“用户坐标系”为刀具路径用户坐标系，单击“计算”按钮计算快进移动数据，切入/切出连接为“曲面法向圆弧”，角度为90°，半径为1mm，连接第一选择为“曲面上”，第二选择为“掠过”，默认为“相对”，“开始点”为毛坯中心安全高度，“结束点”为最后一点安全高度。定义主轴转速为12000r/min，进给速度为4000mm/min，切削速度为500mm/min，设定完成后单击“队列”后台计算刀具路径。精加工人身体刀具路径如图9-13所示。

图9-12　精加工人体模型底托四周刀具路径

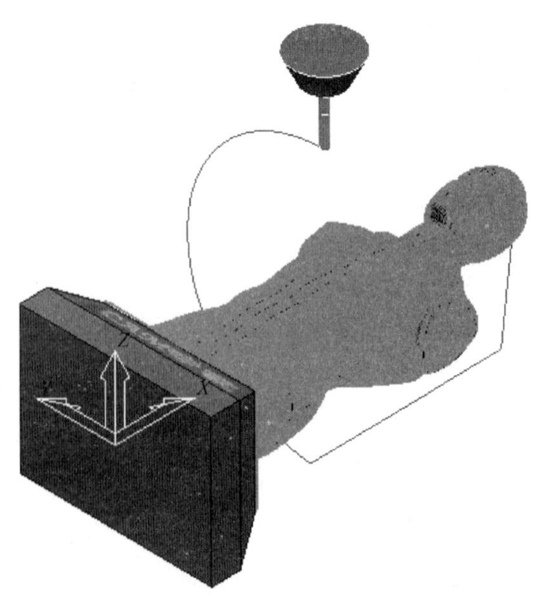

图9-13　精加工人体刀具路径

精加工人体模型头顶：激活世界坐标系，单击“螺旋精加工”策略，名称为D10R5-4，“用户坐标系”选择“世界坐标系”，“毛坯”为世界坐标系下定义的毛坯，“刀具”选用D10R5圆柱形球头立铣刀，“机床”“限界”和“毛坯切削”不设定。单击“螺旋精加工”，中心点（9，0），半径开始为0，结束为15mm，公差

0.1mm，方向为顺时针，余量 0mm，切削宽度 0.3mm。点分布的输出点分布为“公差”并保留圆弧，公差为 0.5mm，“刀轴”为“垂直”。快进移动安全区域类型为“圆柱”，“用户坐标系”为刀具路径用户坐标系，单击“计算”按钮计算快进移动数据，切入/切出连接为“曲面法向圆弧”，角度为 90°，半径为 1mm，连接第一选择为“曲面上”，第二选择为“掠过”，默认为“相对”，“开始点”为毛坯中心安全高度，“结束点”为最后一点安全高度。定义主轴转速为 12000r/min，进给速度为 4000mm/min，切削速度为 500mm/min，设定完成后单击“队列”后台计算刀具路径。精加工人体模型头顶刀具路径如图 9-14 所示。

图 9-14　精加工人体模型头顶刀具路径

精加工人体模型底托上表面：单击“点投影精加工”策略，名称为 D10R5-5，用户坐标系选择“无”（默认为世界坐标系），“毛坯”为世界坐标系下定义的毛坯，“刀具”选用 D10R5 圆柱形球头立铣刀，“机床”“限界”和“毛坯切削”不设定，单击“点投影”，位置（0，0，50），投射方向向内，公差 0.01mm，余量 0mm，角度增量 0.1°，参考线样式选择“螺旋”，方向为顺时针，界限仰角开始 0，结束为 10°。点分布的输出点分布为“公差”并保留圆弧，公差为 0.5mm，“刀轴”为前倾/侧倾均为 −30°，方式为“PowerMill 2012 R2”，加工轴控制方向类型为“自由”。快进移动安全区域类型为“圆柱”，“用户坐标系”为刀具路径用户坐标系，单击“计算”按钮计算快进移动数据，切入/切出连接为“曲面法向圆弧”，角度为 90°，半径为 1mm，连接第一选择为“掠过”，第二选择为“掠过”，默认为“相对”，“开始点”为毛坯中心安全高度，“结束点”为最后一点安全高度。定义主轴转速为 12000r/min，进给速度为 4000mm/min，切削速度为 500mm/min，设定完成后单击“队列”后台计算刀具路径。精加工人体模型底托上表面刀具路径如图 9-15 所示。

精加工人体面部：首先定义一残留边界，“刀具”选择 R1.5，“参考刀具”选择 R5，产生残留边界 2。单击“清角精加工”策略，名称为 D3R1.5，“用户坐标系”选择坐标系“1”，“毛坯”为世界坐标系下定义的毛坯，“刀具”选用 D8R4 圆柱形球头立铣刀，“限界”为“边界 2”，“机床”和“毛坯切削”不设定。单击“清角精加工”，输出为“浅滩”，策略为“沿着”，分界角为 60°，残留高度为 0.01mm，公差 0.01mm，余量 0mm，切削方向为“任意”，拐角探测参考刀具为

“R5”。点分布的输出点分布为“公差”并保留圆弧，公差为 0.5mm，刀轴为“垂直”，加工轴控制方向类型为“自由”。快进移动安全区域类型为“平面”，用户坐标系为刀具路径用户坐标系，单击“计算”按钮计算快进移动数据。切入/切出连接为“曲面法向圆弧”，角度为 90°，半径为 1mm，连接第一选择为“曲面上”，第二选择为“掠过”，默认为“相对”，“开始点”为毛坯中心安全高度，“结束点”为最后一点安全高度。定义主轴转速为 12000r/min，进给速度为 4000mm/min，切削速度为 500mm/min，设定完成后单击“队列”后台计算刀具路径。精加工人体模型面部刀具路径如图9-16 所示。

图 9-15 精加工人体模型底托上表面刀具路径

第五道工序：雕刻

1. 产生参考线

右键单击“产生参考线”。右键单击“参考线 1”，激活曲线编辑器，打开线框显示模式。通过获取曲线方式拾取“CAM 专家”，单击“接受改变”完成产生的参考线，如图 9-17 所示。

图 9-16 精加工人体模型面部刀具路径

图 9-17 产生参考线

2. 参考线精加工

选取“精加工”策略里的参考线精加工，定义名称为“8”。定义刀具名称“KZ”并选取世界坐标系，刀具选取定义的雕刻刀，在参考线里选取“1”，余量为0，“刀轴”方式改为“垂直”，切入切出改为“无”。定义主轴转速为12000r/min，进给速度为300mm/min，切削速度为300mm/min，设定完成后单击“队列”后台计算刀具路径，如图9-18所示。

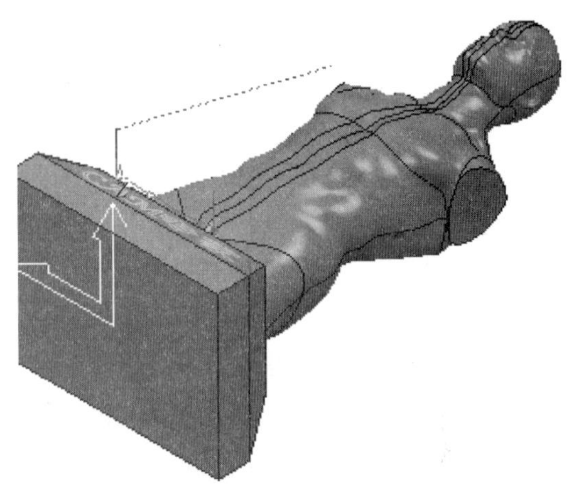

图9-18　参考线精加工

（六）刀具路径仿真

鼠标右键依次单击粗加工各刀具路径，选取“自动开始仿真”，打开ViewMill，单击“彩虹阴影图像”；然后单击“运行到末端”按钮，分别开始仿真粗加工刀具路径，仿真结果如图9-19a所示。

a)

b)

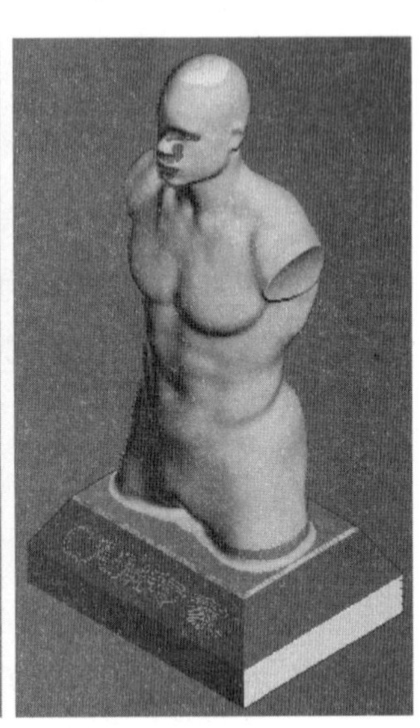

c)

图9-19　刀具路径仿真示意图

接下来仿真半精加工刀具路径，仿真结果如图 9-19b 所示。仿真精加工刀具路径和雕刻刀具路径，仿真结果如图 9-19c 所示。

（七）后置处理

后置处理的参数设置方法和生成刀具路径同前几章，在这里不再赘述。

六、加工过程

（一）准备工作

（1）备料　毛坯采用 2A12 铝合金，尺寸为 110.8mm×148.3mm×310.6mm，在工件的底面分度圆上加工 4×M6↧15 的螺纹孔，保证这 4 个 M6 螺纹孔分度圆与毛坯外圆同轴。毛坯表面粗糙度值为 $Ra1.6\mu m$。

（2）准备刀具　准备 ϕ25mm 的立铣刀（D25）、ϕ12mm 的立铣刀（D12）、ϕ10mm 的圆柱形球头立铣刀（D10R5）、ϕ6mm 的雕刻刀（D6R0.2）。先将刀具按照编程时设定的长度进行装夹，然后对好刀具长度，接着将刀具长度输入到刀具表里，最后将刀具装到机床刀库中。

（3）其他工具　自制夹具同第 8 章（图 8-23）。

（二）找正和装夹工件

找正和装夹工件同第 8 章（图 8-24）。

（三）确定工件坐标系和对刀

本工件加工原点的 X 轴、Y 轴坐标由回转工作台中心位置确定，Z0 位置在工件的上表面。利用机床雷尼绍测头将工件坐标系原点输入到机床坐标系中。五轴联动数控机床的对刀是将每把刀具装在机床刀库里，然后在工件的 Z0 表面上对好刀长，最后输入到刀具表的刀具长度参数地址里。

（四）加工

加工是由机床按照编制好的加工程序自动执行，同普通数控铣床的加工没有区别，只需要按顺序更换刀具和调用程序，再执行程序即可。加工过程中控制好机床，避免发生碰撞。在加工前务必定义好刀柄形状，利用软件仿真功能验证程序有无碰撞现象，若有碰撞及干涉现象则及时更改策略。

加工过程中，可根据加工的实际情况，适当调整加工时主轴转速和进给速度的倍率来控制切削速度。

七、技术点评

1）精加工人体模型面部时最好使用一把直径较小的圆柱形球头立铣刀，这样效果会更好。

2）在加工过程中，刀具长度测量务必准确。编程时每个精加工刀具路径余量务必一致。

附　　录

附录A　数控技能大赛应试技巧

为配合“国家高技能人才培训培养工程”和技能型紧缺人才的培训方案，近年来，全国各地举办的各类数控技能赛事不断，通过比赛发现和造就了一大批优秀技能型人才，许多选手在赛场上得到了锻炼，更多的数控机床操作人员也希望通过比赛展示自己的才华，提高数控机床操作技能。在比赛中获得理想成绩，这是教练和选手们广为关注的问题。下面就数控大赛应试技巧做简要介绍：

一、心理准备

赛场如同战场，数控大赛是以“能力为主线，以应用为目的”的赛事。数控大赛是在特定的环境下，考验选手理论知识、软件应用、实际操作能力和水平的一项综合赛事。参赛选手要以紧张有序、忙而不乱的工作作风应对比赛中各个环节。比赛中心态要平和，从容应试，要把平时从各种途径学到的新知识、新工艺和掌握的数控机床操作技能及传统加工经验，最终形成具有个人特点的、较完善的数控机床加工规程，通过比赛充分展示出来。参赛也是一次学习机会，要从理论试题的应答和实操试件的加工两方面锻炼自己。要学习别人的长处，弥补自己的不足，真正做到为我所用，以通过比赛，提高个人数控机床操作技能和应用水平。实践证明，凡是心理准备充分的，考试成绩都比较理想，很多选手在比赛中展示了自己的才能，获得了荣誉，得到了社会的认可。

二、技术准备

1）数控机床集中了机、电、气、液、仪一体化技术。参赛选手要对数控技术有深入了解。

2）要了解当今数控机床发展趋势和应用技术、操作技能等最新动态。

3）要了解数控加工中高速、高效、高精度、复合及特殊加工的一般做法。

4）对数控机床基础知识、赛件图样、基点计算、加工材料及热处理知识、刀具选用、切削用量合理选择及刀具刃磨技术有较深刻的了解。

5）在手动夹具中，能熟练对工件进行定位、找正、夹紧操作，了解气动、液动等自动夹具的夹紧原理和使用方法。

6）了解数控机床结构、动作原理，能熟练操作数控机床，能编制具有个性化的加工程序，能正确使用数控系统功能，具备一定的故障诊断能力，并能排除一般机械故障。

技术准备中最关键的是：综合运用数控应用的基础知识应对理论知识考试；在实操考试中，熟练操作数控机床，掌握工件快速定位，找正、装夹方法，合理选择刀具，优选切削用量，灵活运用数控系统功能，实现快速高效加工。

三、工艺准备

在数控技能大赛中，实操比赛占有举足轻重的地位。实操比赛能全面、集中展示选手工艺知识、编程能力、操作技能水平，最终确定选手排名顺序。对实操比赛总的要求是：以最合理的工艺方案、最佳的刀具路径、在最短的时间完成试件加工。

（1）最合理工艺方案　指采用最少的走刀次数，实现最快捷的去除方式、最有效的精度保证和最方便工件自检方法，在规定时间内，完成试件加工的最熟悉的工艺方案。

（2）最佳刀具路径　是指在保证加工精度和表面粗糙度的前提下，数值计算最简单、刀具路径最短、空行程少、编程量小、程序短、简单易行的刀具路径。

（3）最短时间　指用熟练的操作和快捷的编程方法，选好完成试件切入点，合理使用刀具，优选切削用量，确保关键得分点，把握加工节奏、粗精加工分开，力争在规定时间内完成加工项目。确保试件的完整性，注意执行加工经济精度。

工艺准备中的核心是：在实操考试中，准备多种工艺方案，优选合理的刀具路径，把握得分点，这样才能得高分。

四、编程准备

数控加工是按照编制的程序实现工件加工，编程水平决定着工件加工效率和精度。程序形式多种多样，为了适应不同工件的加工需要，加工程序有以下几种类型：

1）孔类加工程序，以模块化结构为主，如把孔的坐标位置编制成子程序，由主程序确定加工方式，调用子程序执行加工。这种程序简洁、逻辑性强、编程效率高，还可以用框图表示程序结构和内容，较为直观。

2）平面和腔槽类加工程序，应以单一程序为主，粗精加工可用宏指令来划分。循环加工中切削深度、重复次数、精加工余量，都利用宏指令实现。宏指令是一个非常实用的功能，用好宏指令，能够极大地方便加工程序的编写，提高编程效率。这样程序虽然长，但清晰流畅，具有连续、开放等特点。

3）型腔加工程序。型腔加工由于加工件形状复杂，而且是异型面，程序编制大部分采用自动编程，程序内容长，刀具路径复杂，加工时间长，刀具一般为圆柱形球头立铣刀或异型刀具，程序应以源程序为主，利用机床中的 DNC 功能，直接运行比较可靠。

五、实操考试的技巧

准确、熟练、快速的操作方法，是对参赛选手的基本要求。实操考试的环境和生产环境有很大区别：设备和场地不熟悉，心理有压力，参赛选手同时操作，容易紧张，操作方法容易出错，给比赛增加了难度，这是对选手的考验。实操考试分为三个阶段，即加工准备阶段、加工阶段、加工精度检验阶段。

（1）加工准备阶段

1）在读懂图样的基础上，弄清试件配合精度要求和检测方法的前提下，确定基本加工工艺方案，对完成加工需要时间进行估算，然后确定加工顺序，弄清评分表中的分数分配，明确得分目标。

2）工件的快速定位、找正及夹紧。根据图样中相关精度要求，注意执行加工经济精度，即找正精度能满足图样精度的 2/3 即可。例如，图样中规定两个加工面平行度公差为 0.05mm，找正精度在 0.03mm 以内即可。比赛中不要找得太精，目的是节省时间，集中时间和精力确保完成主要得分部分。

3）快捷编程。实操比赛中准确无误编程至关重要，首先应确定加工顺序，然后再确定每一把刀的起终点，在平面和轮廓加工中根据刀具的直径确定走刀次数。例如含有曲线平面，可在基点上作圆弧半径等适当标注，以加快轮廓编程速度。孔类加工根据刀具准备情况，是采用逐级扩孔办法，还是采用铣刀插补方式，这些都需要现场确定。编程中要特别注意利用数控机床功能，如旋转、极坐标、镜像、缩放等，以减少编程工作量。程序验证一般采用图显示和浅铣外形方式进行。加工中应能熟练进行背景编程操作，实现加工和编程同步进行，为比赛赢得宝贵时间。

（2）加工阶段　实操比赛核心是在规定时间内完成工件加工，这和生产中工件加工有很大区别，生产中追求质量和效率，而比赛目的是得高分。比赛中操作要快捷、准确，要减少失误。加工过程分为粗加工、精加工两个阶段。实施高效加工的关键：要求选手有敏锐的思维，熟练、快捷的操作手法和较强的适应能力。新一代数控机床通过高速化，大幅度缩短切削时间，进一步提高生产效率，选手在赛场上要始终把握这一原则。

1）粗加工即去除加工，应根据现场提供机床、刀具、工件、夹具等因素，依据浅铣外形轮廓，编制粗加工近似程序。选择较大切削用量进行粗加工，根据听、看刀具在加工中的状态，适时调整进给速度，由低到高最终确定最佳切削用量。粗加工刀具路径一般选择高效刀具路径，即最短刀具路径。往复走刀方式加工效率高，程序编制简单，适合比赛中采用。

2）精加工主要是指尺寸和位置精加工，首先要保证刀具在精加工时处于最佳状态。选择较高的主轴转速和较小的进给量，采用精度最高的刀具路径。加工中要注意排除刀具干涉和过切等；要防止工件和刀具弹性变形产生的误差。尺寸精度的保证一般采用逼近法。位置精度的保证通过在精加工前适时测量并进行有效补偿实现。

①平面加工：主要是保证平面精度和接刀精度，根据现场实际情况选择顺逆铣。顺铣可以采用较高主轴转速和进给量，加工效率高。逆铣可以获得较低的表面粗糙度值，尺寸精度容易保证。平面精加工余量：底面0.1mm，侧面0.05～0.08mm。如果加工材料是铸铁或有色金属，那么精加工应采用逆铣方式进行。

②孔类加工：孔精度主要体现在尺寸精度、位置精度和表面粗糙度。其中尺寸精度和表面粗糙度与刀具和切削用量有关。例如镗孔，G85和G86两种指令进给速度、孔径壁厚、有无冷却，都影响加工后的孔径尺寸。

③腔槽加工：实操试题都含有腔槽部分，特别是在台阶面上铣不规则腔槽，精度保证有一定困难。台阶面上铣不完整腔槽，铣刀单面切削时，容易产生误差和加工缺陷，这时要用刚性相对好的刀具、采用分级铣削方式，精铣至尺寸，或先铣腔槽后铣台阶面。

铣腔槽时，一般编制两条曲线程序，一条曲线程序保证尺寸精度，另一条曲线程序保证槽宽。为了避免在台阶和拐角方向出现台阶，拐角处采用钻铣加工，确保拐角处不出现欠切现象。铣削过程中要避免进给停顿，否则在轮廓表面会留下刀痕，若在被加工表面范围内垂直进刀和退刀也会划伤工件表面，加工中应避免上述缺陷出现。

④轮廓加工：实操试题都有轮廓加工，轮廓加工包括两方面加工，即外轮廓加工（含薄壁加工）和内轮廓型腔加工。轮廓加工用逼近法，精铣外轮廓，为了保证加工外轮廓精度，在薄壁未完全成形的状态下，适当增加加工表面刚性，即增加未加工表面的加工余量，配合必要的工件自检和补偿，完成外轮廓（即配合面）加工。内型腔加工要坚持先粗后精原则，为了避免出现加工过程中让刀现象，应减少切削深度，并尽可能采用较高主轴转速和单向铣削方式，确保精加工顺利完成。

⑤异型面加工：试题中都含有宏程序考点，数控车的试件为内外椭圆弧，数控铣和加工中心试件为过渡圆角和球面，这些部位加工都需要借助宏指令才能完成。加工圆角和球面，实际上是一种两轴半控制，只要对宏指令有较深入的了解，在加工轮廓程序中增加宏指令程序段，就可以完成异型面加工。为了保证精加工精度，在精加工阶段应采用较高主轴转速和较小进给速度，实现异型面

加工。

⑥配合件精度保证：实操比赛中，试件一般有配合精度要求，选择配合件加工顺序的做法是：加工量少、重量轻的先加工。其优点一个是容易保证试件加工完整性，另一个是自检中，试件重量轻、测量方便。在有销孔和腔槽结构试件中，一般做法是先进行销孔预加工，再进行腔槽粗精加工，最后进行销孔精加工。比赛中一般粗加工切削用量选得较高，加工过程中试件可能有微量位移。为了避免孔和腔槽加工中出现位置误差，应采用上述加工顺序。配合尺寸确定的原则是，配合面外形，尽量靠下极限偏差，配合面内腔应尽可能靠上极限偏差，以保证配合精度和配合件尺寸精度。

（3）加工精度检验阶段　考试中在机床上进行试件自检，判断其是否符合图样要求，既是必不可少的工作，又是必须掌握的技能。加工精度包括尺寸精度和位置精度。要求选手进行精度自检的项目有：基点位置、孔位置精度、腔槽尺寸精度以及刀具直径调整等内容。加工精度检验，目的是使选手熟练运用数控系统各种显示功能和设定功能，对加工件进行有效的自检，力争达到图样要求，争取实操考试中获得高分。

希望通过各类数控技能大赛和各种培训及职业技能鉴定，推动数控应用技术的提高，造就一大批数控应用顶尖级人才，尽快使我国数控应用技术赶上世界先进水平。

附录 B　HEID530 系统后处理程序

一、PowerMill 5.5 后处理程序段

0 BEGIN PGM 1 MM	程序开始
1 TOOL NAME=e12	刀具信息（1～5）
2 Toolnum=1.	
3 Dia=12.	
4 Rad=0.	
5 Length=60.	
6 LBL 170	定义子程序“LBL 170” PLANE 功能复位（倾斜加工面）（6～12）
7 CYCL DEF 7.0 DATUM SHIFT	
8 CYCL DEF 7.1 X0.	
9 CYCL DEF 7.2 Y0.	
10 CYCL DEF 7.3 Z0.	
11 PLANE RESET STAY	
12 LBL 0	
13 BLK FORM 0.1 Z X-60.009 Y-50.003 Z-25.	定义毛坯形状
14 BLK FORM 0.2 X150.006 Y50.008 Z30.	
15 L M129	取消 M128（RTCP 功能）
16 L Z-5. FMAX M91	*Z* 轴回机床原点下 5mm
17 TOOL CALL 1 Z S3500	换刀指令，开主轴转速
18 L Z-5. FMAX M91	*Z* 轴回机床原点下 5mm
19 CYCL DEF 32.0 TOLERANCE	激活公差循环
20 CYCL DEF 32.1 T0.02	定义公差值（轮廓偏差）
21 CYCL DEF 32.2 HSC-MODE：0	定义公差值（更高的轮廓精度）
22 CYCL DEF 392 ATC~	激活高速高精度自适应循环
Q240=+2；Process Mode~	ATC 表面粗糙度优先
Q241=+2；Default Weight	表示工件重量为默认
23 L X+150.499 Y-56.284 R0 F9999 M03	L 线性插补，F 进给速度，M03 主轴正转
24 L X+150.499 Y-56.284 Z+14. F10000 M03	
25 L Z+11. F1500 M08 M90	M08 切削液开启，M90 平滑角点
26 L X+150.475 Y-55.985 F2200	
27 L X+156.006 Y-45.853	
28 L X+158.478 Y-41.326	
29 L X+158.536 Y-41.217	

```
30 L X+159.134 Y-40.057
31 CC X+156.306 Y-38.599                    圆心坐标
32 C X+156.306 Y-35.418 DR+                 圆弧终点坐标，旋转方向
33 L X+156.006
   …
1176 L X+33.177 Y-2.228
1177 L X+32.353 Y-3.083
1178 L Z+38.F10000
1179 L M09                                  切削液关闭
1180 CALL LBL 170                           执行子程序“LBL 170”
1181 L Z-5.FMAX M91                         Z 轴回机床原点下 5mm
1182 L M05                                  主轴停止
1183 L M30                                  程序结束
1184
1185 END PGM 1 MM                           传送程序结束
```

二、PowerMill 8.0 后处理程序段

```
0 BEGIN PGM 80_ ATC MM                      程序开始
10 Job Number: rou-e12                      ⎫
11 Program Date: 06.01.08-22: 23: 24        ⎪
12 Programmed by: ysr                       ⎪
13 PowerMill Cb: 1098025                    ⎬ 编程项目相关信息
14 DP Version: 1490                         ⎪
15 Option File: DMU100P-H530                ⎪
16 Output Workplane: 1                      ⎪
17                                          ⎭
18 TOOL LIST: 3 tools                                        ⎫
19 No. ID            Diameter  Tip Rad  Length               ⎪
20 1    e12             12.     0.     60.                   ⎬ 所有刀具信息
21 2    e12             12.     0.     60.                   ⎪
22 3    b10             10.     5.     50.                   ⎪
23                                                           ⎭
24 ESTIMATED CUTTING TIME:3 TOOLPATHS=00:02:34)
                                            理论加工时间
25
```

26 LBL 170 27 CYCL DEF 7.0 DATUM SHIFT 28 CYCL DEF 7.1 X0. 29 CYCL DEF 7.2 Y0. 30 CYCL DEF 7.3 Z0. 31 PLANE RESET STAY 32 LBL 0	原点平移 定义子程序“LBL 170” PLANE 功能复位（倾斜加工面）
33 BLK FORM 0.1 X-60.009 Y-50.003 Z-25.	定义毛坯形状
34 BLK FORM 0.2 X150.006 Y50.008 Z30.	
35 L M129	取消 M128（RTCP 功能）
36 L M140 MBMAX	沿刀轴退离轮廓至行程范围极限
37 TOOL NUMBER：1 38 TOOL TYPE：ENDMILL 39 TOOL ID：e12 40 TOOL DIA.12. LENGTH 60.	当前刀具信息
41 TOOL CALL 1 Z S3500 DL+0. DR+0.	换刀指令，开主轴转速，长度、半径补偿为 0
42 L Z-5. FMAX M91	*Z* 轴回机床原点下 5mm
43 Q1=+1500；PLUNGE FEEDRATE	Q 参数赋值进给速度
44 Q2=+2200；CUTTING FEEDRATE	Q 参数赋值切削速度
45 Q3=+10000；RAPID SKIM FEEDRATE	Q 参数赋值快进抬刀速度
46 Q4=+15000；RAPID FEEDRATE	Q 参数赋值快进速度
47 CYCL DEF 392 ATC~	激活高速高精度自适应循环
Q240=+2 ；Process Mode~	表面粗糙度优先
Q241=+2；Default Weight	表示工件重量为默认
48 CYCL DEF 32.0 TOLERANCE	激活公差循环
49 CYCL DEF 32.1 T0.1	定义公差值（轮廓偏差）
50 CYCL DEF 32.2 HSC-MODE：0	定义公差值（更高的轮廓精度）
51 L M03	M03 主轴顺转
52 L M129	取消 M128（RTCP 功能）
53	
54 CALL LBL 170	
55 CYCL DEF 7.0 DATUM SHIFT	
56 CYCL DEF 7.1 IX+0.	
57 CYCL DEF 7.2 IY+0.	
58 CYCL DEF 7.3 IZ+50.	
59 PLANE SPATIAL SPA+0. SPB+0. SPC+0. STAY	定义并启动 PLANE 空间角功能
60 L A+Q120 C+Q122 FQ4 M126	用 TNC 计算的值定位，M126 旋转轴

上的最短刀具路径移动

61	
62=========	
63 TOOLPATH：rou-e12	当前刀具路径名
64 WORKPLANE：World	程序编写用户坐标系
65=========	
66 L M08	M08 切削液开启
…	
1223 L Z+38. FQ3	
1224 L M127	取消 M126
1225 CALL LBL 170	执行子程序“LBL 170”
1226 L M128	用倾斜轴定位时保持刀尖位置（RTCP 功能）

```
1227 L X+32.353 Y-3.083 Z+88. A0. C0. FQ3
1228 L X-31.465 Y-38. Z+67.5
1229 L A10.
1230 Retract and reconfigure sequence
1231 L Y-55.365 Z+35.981 FQ4
1232 L A-10. C-180.
1233 L Y-40.084 Z+79.318
1234 Retract and reconfigure sequence ends
1235 L Y-38. Z+67.5 FQ1
1236 L A-45.926 FQ3
1237 L A-75.862
1238 L A-90.
1239 L M129
1240 L M09
1241 L M140 MBMAX
1242 TOOL NUMBER：2
1243 TOOL TYPE ENDMILL
1244 TOOL ID：e12
1245 TOOL DIA.12. LENGTH 60.
1246 TOOL CALL 2 Z S3500 DL+0. DR+0.
1247 L Z-5. FMAX M91
1248 Q1=+1500；PLUNGE FEEDRATE
1249 Q2=+2200；CUTTING FEEDRATE
1250 Q3=+10000；RAPID SKIM FEEDRATE
1251 Q4=+15000；RAPID FEEDRATE
1252 CYCL DEF 392 ATC~
```

```
     Q240=+2; Process Mode~
     Q241=+2; Default Weight
1253 CYCL DEF  32.0 TOLERANCE
1254 CYCL DEF  32.1 T0.01
1255 CYCL DEF  32.2 HSC-MODE: 0
1256 L M03
1257 L M129
1258
1259 CALL LBL  170
1260 CYCL DEF  7.0 DATUM SHIFT
1261 CYCL DEF  7.1 IX+0.
1262 CYCL DEF  7.2 IY+0.
1263 CYCL DEF  7.3 IZ+0.
1264 PLANE SPATIAL SPA+90.  SPB+0. SPC+0. STAY
1265 L A+Q120 C+Q122 FQ4 M126
1266
1267=========
1268 TOOLPATH: 2
1269 WORKPLANE: 2
1270=========
1271 L M08
     ...
1412 L X+84.882 Z+0.423
1413 L X+84.891 Z+0.007
1414 L Z-50.006
1415 L Z+38. FQ3
1416 L M127
1417 CALL LBL  170
1418 L M128
1419 L X+84.891 Y-38. Z+67.5 A-90. C-180. FQ3
1420 L X-10.146 Y-33.211 Z+88.
1421 L A-82.183 C-196.856
1422 L M129
1423 L M09
1424 L M140 MBMAX
1425 TOOL NUMBER: 3
1426 TOOL TYPE: BALLNOSED
1427 TOOL ID: b10
1428 TOOL DIA.10. LENGTH 50.
```

```
1429 TOOL CALL  3 Z S3500 DL+0. DR+0.
1430 L Z-5. FMAX M91
1431 Q1=+1500; PLUNGE FEEDRATE
1432 Q2=+2200; CUTTING FEEDRATE
1433 Q3=+10000; RAPID SKIM FEEDRATE
1434 Q4=+15000; RAPID FEEDRATE
1435 CYCL DEF 392 ATC~
     Q240=+2; Process Mode~
     Q241=+2; Default Weight
1436 CYCL DEF 32.0 TOLERANCE
1437 CYCL DEF 32.1 T0.02
1438 CYCL DEF 32.2 HSC-MODE: 0
1439 L M03
1440 =========
1441 TOOLPATH: 3
1442 WORKPLANE: World
1443 =========
1444 L M08
1445 L M126
1446 L X-10.146 Y-33.211 FQ3
1447 L Z+88.
1448 L M128
1449 L X-10.146 Y-33.211 Z+88.  A0. C-3.856
1450 L A10.
1451 Retract and reconfigure sequence
1452 L X-15.181 Y-49.830 Z+186.481 FQ4
1453 L A-10. C33.144
1454 L X-10.649 Y-34.873 Z+97.848
1455 Retract and reconfigure sequence ends
1456 L X-10.146 Y-33.211 Z+88. FQ1
     …
1709 L Z+88.
1710 L M09                              M08 切削液关闭
1711 L M129                             取消 M128
1712 L M127                             取消 M126
1713 CALL LBL 170                       执行子程序“LBL 170”
1714 L M140 MBMAX                       沿刀轴退离轮廓至行程范围极限
1715 L A0. C0. R0. F MAX M94            A、C 轴归 0，M94 将旋转轴的显示值
                                        减小到 360°以下
```

```
1716 L M05                                  主轴停止
1717 CYCL DEF 32.0 TOLERANCE                取消公差循环
1718 CYCL DEF 32.1
1719 L M30                                  程序结束
1720 END PGM 80_ ATC MM                     传送程序结束
```

三、PowerMill 2017 后处理程序段

```
0 BEGIN PGM ZQTD-1 MM                       程序开始
10 *********************************************
11 * POWERMILL TOOLPATH CONNECTION MOVES OMITTED *
12 * TOOL RETRACTS USING FUNCTION Z-1.FMAX *
13 * ENSURE TOOLPATH START POINTS ARE SAFE *
14 * BEFORE RUNNING ON MACHINE *
15 *********************************************
16 Job Number: ZQTD-1                       程序名称
17 Program Date: 24/04/17 at 16: 18: 07     工作日期
18 Programmed by: ThinkPad User             计算机名称
19 PowerMill Cb: 1203036
20 PMILL Project: YLOK                      项目名称
21 PM-Post version: 6.9.4431.0
22 Option File: Mikron_ H530_ M128_ BC (360)
23 Output WorkPlane: 1
24
25 -----------------------------------------
26 Num | Name | Dia | Len | Tip Rad | ToolPath
27 -----------------------------------------
28 1 | D3R1.5 | 3. | 40. |     1.5 |   ZQTD-1
29 1 | D3R1.5 | 3. | 40. |     1.5 |   ZQTD-2
30 1 | D3R1.5 | 3. | 40. |     1.5 |   ZQTD-3
31 1 | D3R1.5 | 3. | 40. |     1.5 |   ZQTD-4
32 -----------------------------------------
33
34 BLK FORM 0.1 Z X-32.518 Y-32.518 Z-27.958
                                            定义毛坯形状
35 BLK FORM 0.2 X32.518 Y32.518 Z0.
36 M129                                     取消 M128 (RTCP 功能)
37 L Z-1.FMAX M91
38 M127 END SHORTEST PATH ROTARY AXIS       取消 M126 (最短刀具路径)
39 CYCL DEF 247 DATUM SETTING~              激活“1”号坐标系
```

```
Q339=1; DATUM NUMBER
40 TOOL TYPE: BALLNOSED                          刀具信息
41 TOOL ID: D3R1.5
42 TOOL DIA: 3.
43 TOOL LEN: 40.
44 TOOL CALL  1 Z S20000 DL+0. DR+0.             换刀指令，开主轴转速
45 M03                                           主轴正转
46 Q1=500; PLUNGE FEEDRATE                       Q 参数赋值进给速度
47 Q2=5000; CUTTING FEEDRATE                     Q 参数赋值切削速度
48 Q3=3000; RAPID SKIM FEEDRATE                  Q 参数赋值快进抬刀速度
49 ==========
50 TOOLPATH: ZQTD-1
51 WORKPLANE: 1
52 ==========
53 TOOL TYPE: BALLNOSED                          刀具信息
54 TOOL ID: D3R1.5
55 TOOL DIA: 3.
56 TOOL LEN: 40.
57 CYCL DEF  32.0 TOLERANCE                      激活公差循环
58 CYCL DEF  32.1  T0.01                         定义公差值（轮廓偏差）
59 CYCL DEF  32.2 HSC-MODE: 0TA0.1               定义公差值（更高的轮廓精度）
60 L B0. C0. FMAX                                B、C 轴快速回零
61 M08                                           切削液开
62  * * * First Move  5ax * * *                  五轴功能开始
63 M126                                          激活最短刀具路径
64 L X-12.628 Y-19.53 F MAX
65 L Z10. F MAX
66 M128                                          激活 RTCP 功能
67 L C237.114 F MAX
68 L X-12.628 Y-19.53 Z10. B75. C237.114 F MAX
   …
710392 L X-35.698 Y3.787 Z10. B75. C173.944
710393 END OF TOOLPATH                           刀具路径结束
710394 L M09                                     切削液关
710395 M129                                      取消 M128（RTCP 功能）
710396 L Z0.  FMAX M91                           机床 Z 轴快速回零
710397 L B0. C0. FMAX                            机床 B、C 轴快速回零
710398 L M05                                     主轴停止
710399 CYCL DEF  32.0 TOLERANCE                  取消公差循环
710400 CYCL DEF  32.1
710401 L M30                                     程序结束
```

附录C 全国数控技能大赛（2010—2016年）五轴试题

第七届全国数控技能大赛五轴试题（2016年）

（一）核电站冷却泵的五轴加工（职工组）

1. 装配图

附图1

2. 泵体

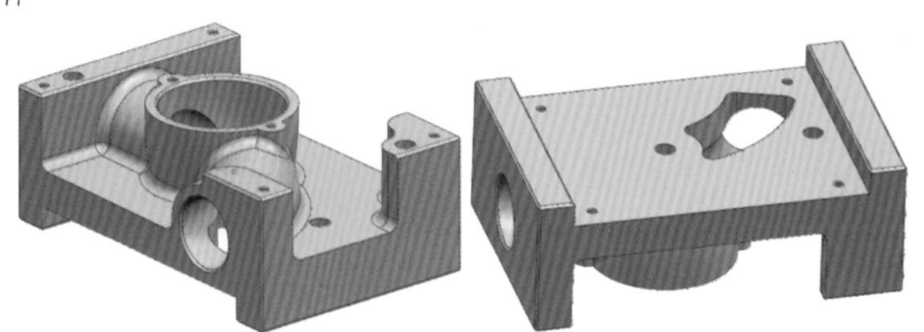

附图2

3. 上盖板

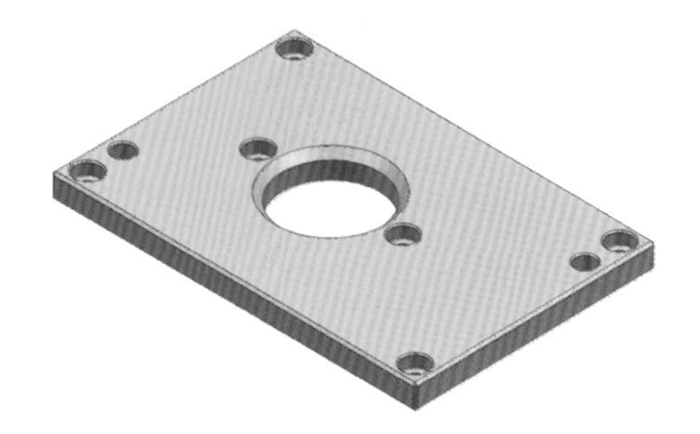

附图3

4. 纺锤螺桨

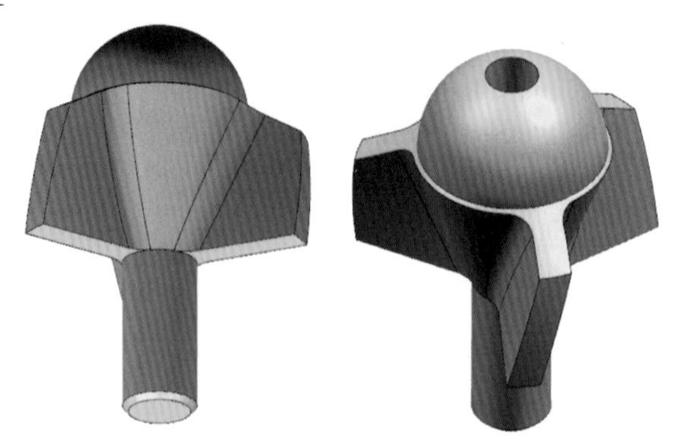

附图 4

5. 下盖板

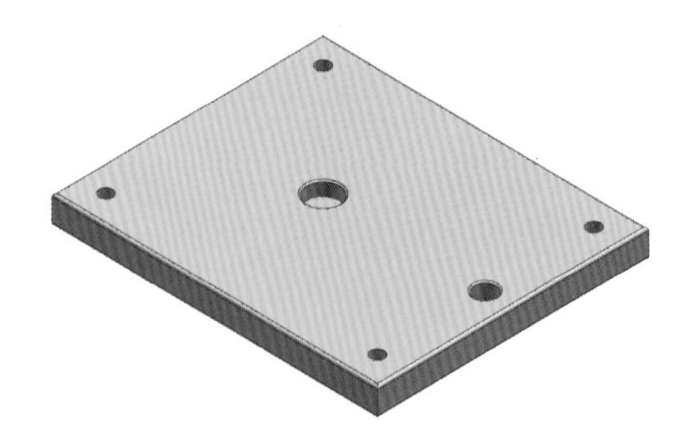

附图 5

(二) 载人航天飞行器的五轴加工 (院校组)

1. 装配图

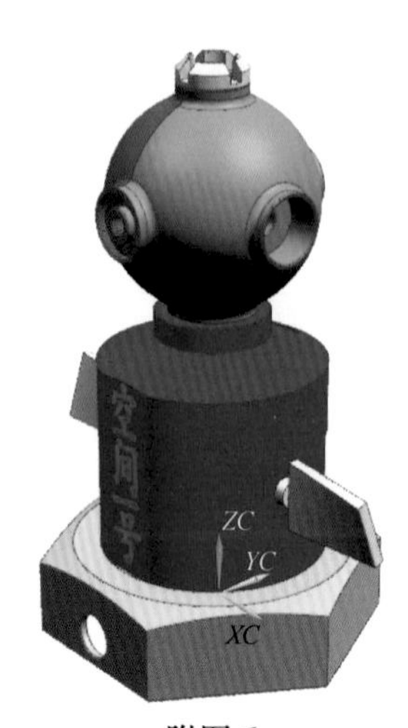

附图 6

2. 主舱体

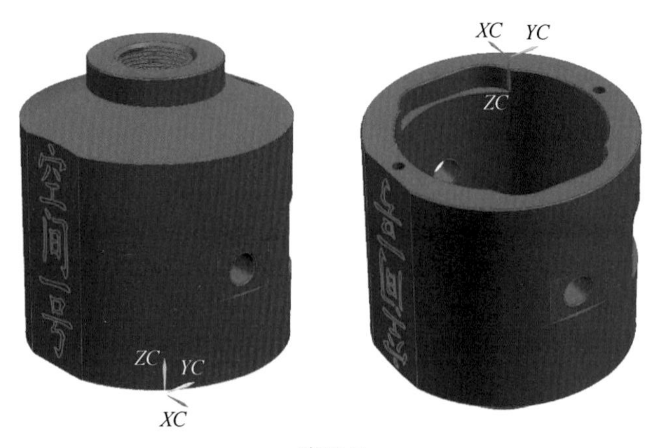

附图 7

3. 左、右半球体

附图 8

4. 转动翼

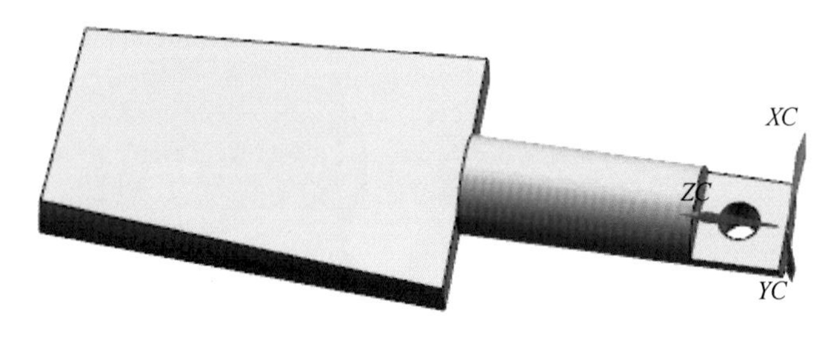

附图 9

第六届全国数控技能大赛五轴试题（2014 年）

（一）纺锤螺桨的五轴加工（职工组）

1. 装配图

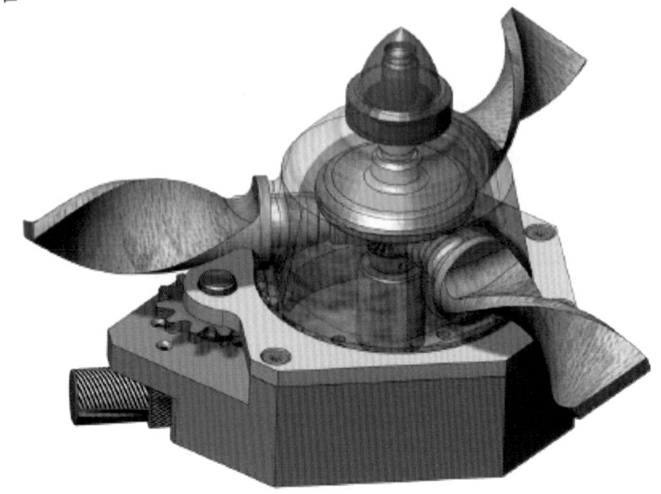

附图 10

2. 基座

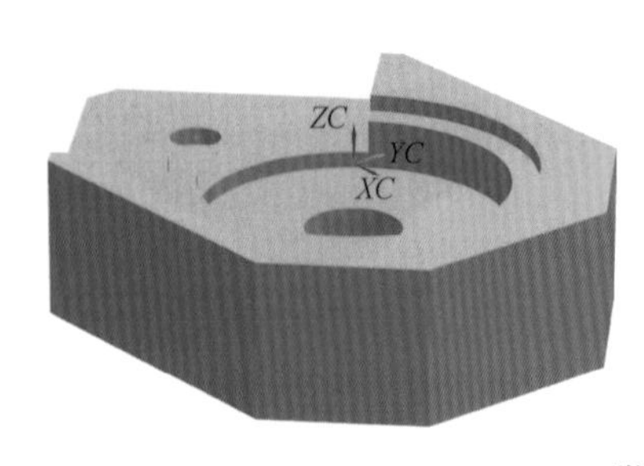

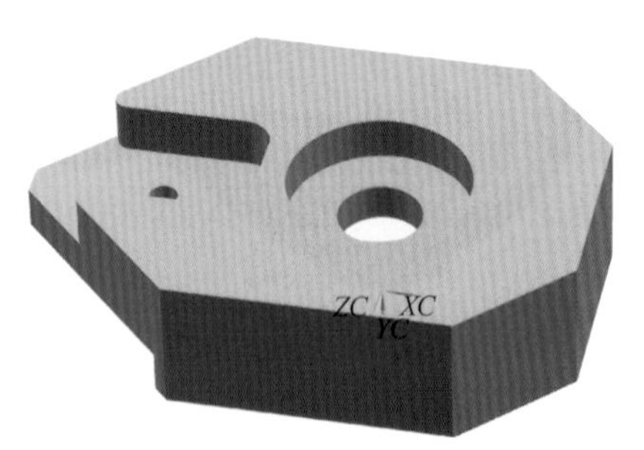

附图 11

3. 桨头

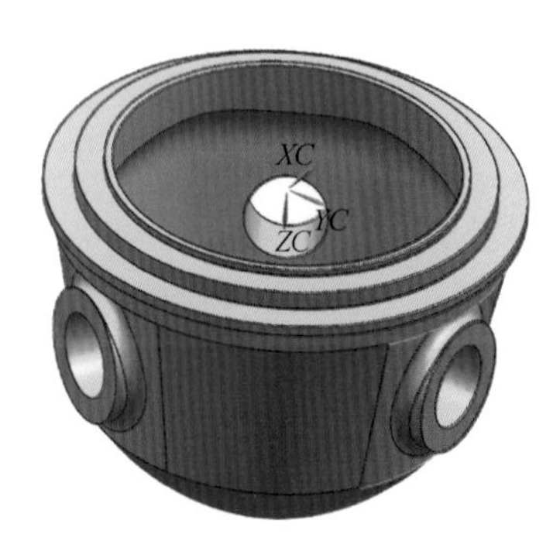

附图 12

4. 桨叶

附图 13

5. 桨头盖板

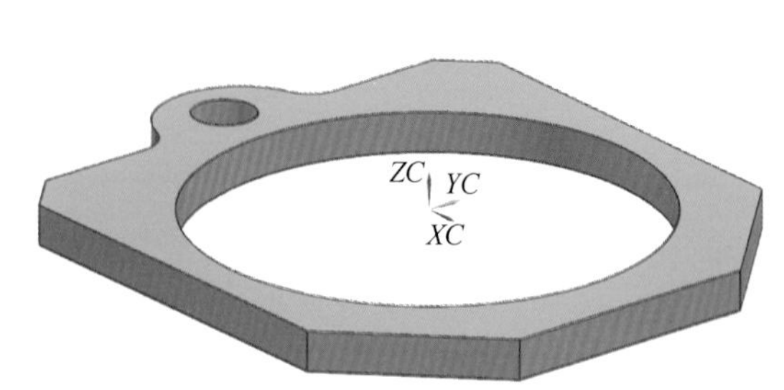

附图 14

（二）推进器的五轴加工（院校组）

1. 装配图

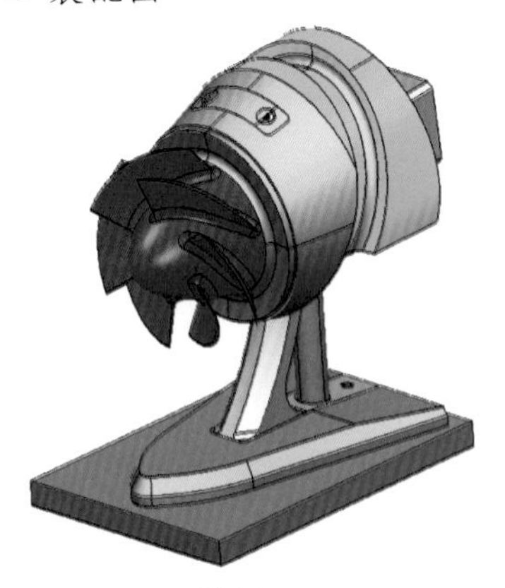

附图 15

2. 本体

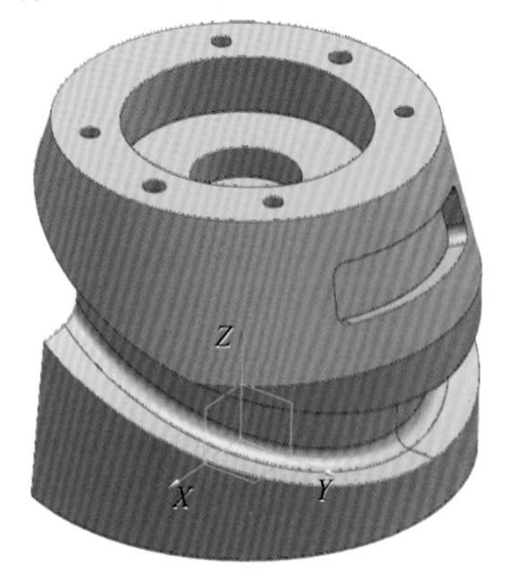

附图 16

3. 叶轮

附图 17

4. C 形支架

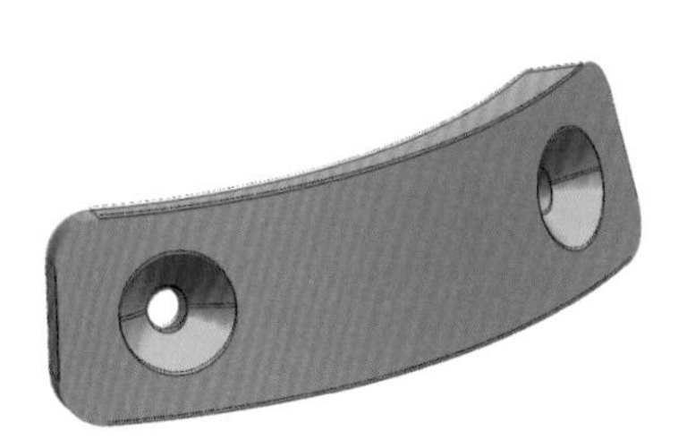

附图 18

第五届全国数控技能大赛五轴试题（2012 年）风机造型的五轴加工

1. 装配图

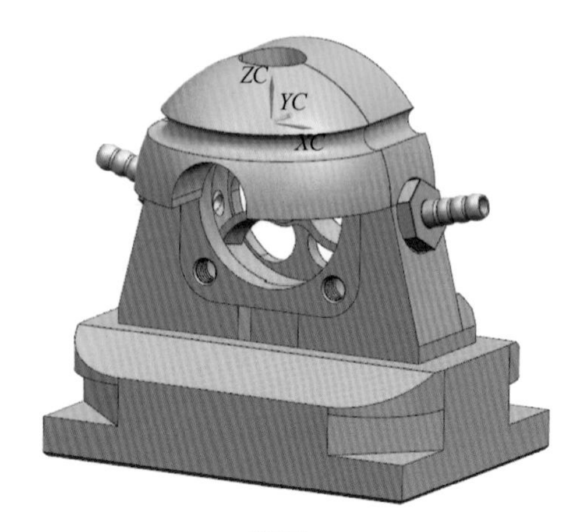

附图 19

2. 基座

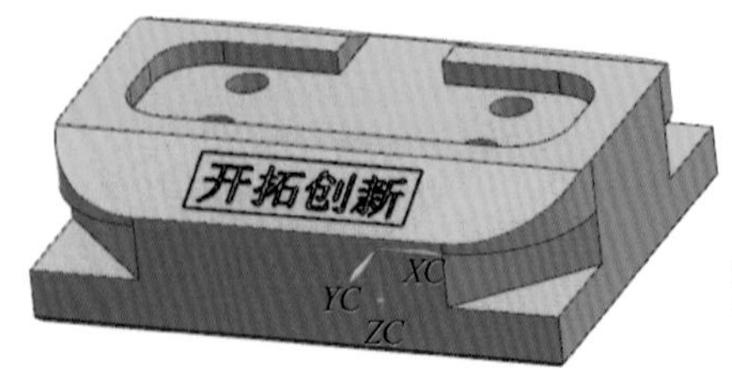

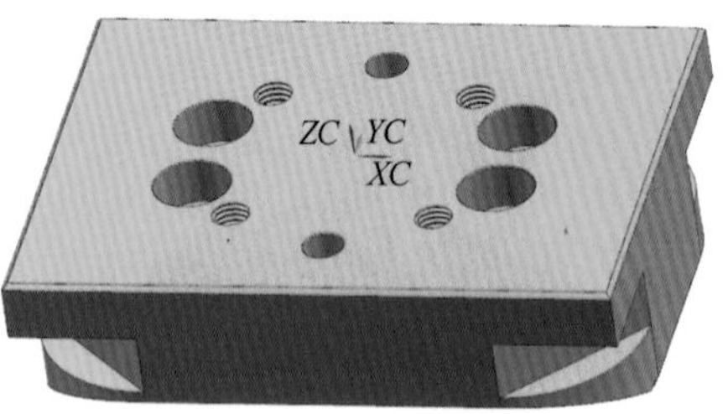

附图 20

3. 支架

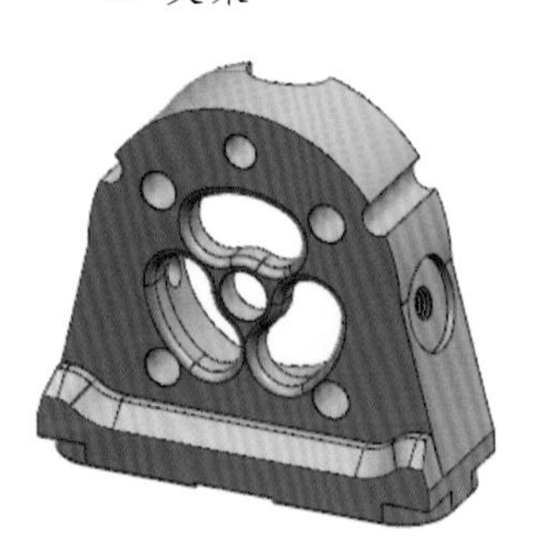

附图 21

4. 灯罩

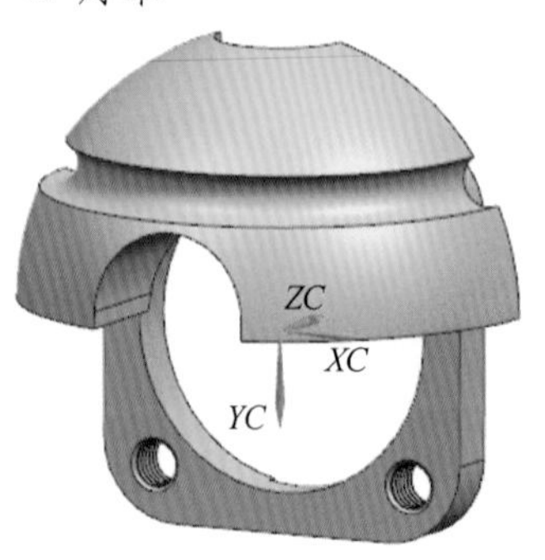

附图 22

5. 扇轮

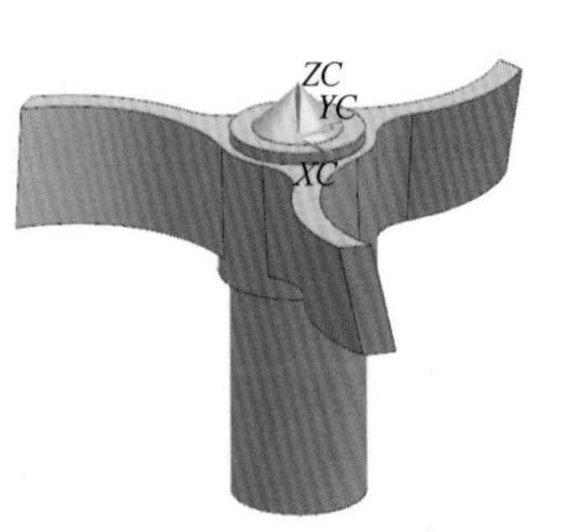

附图 23

第四届全国数控技能大赛五轴试题（2010年）
风扇轮的五轴加工

1. 装配图

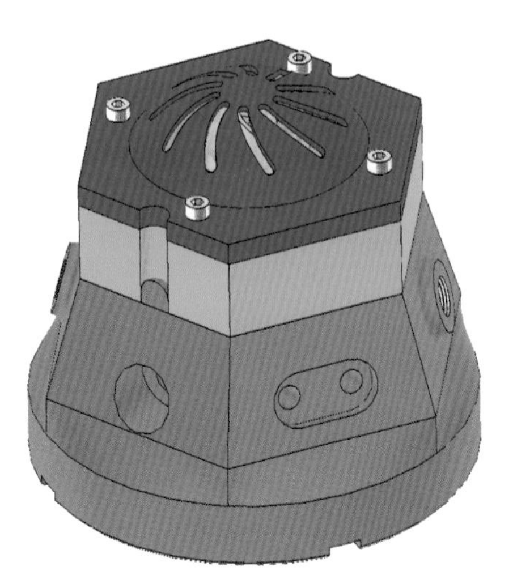

附图24

2. 基座

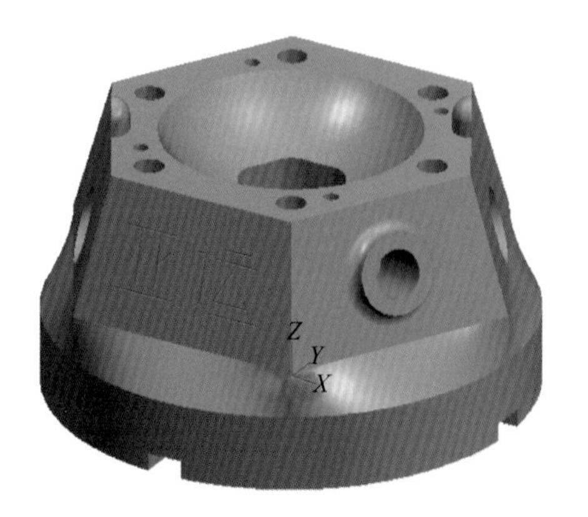

附图25

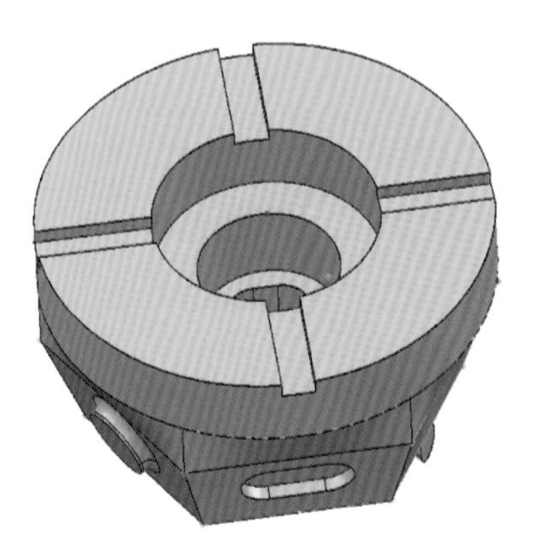

附图26

3. 风道板

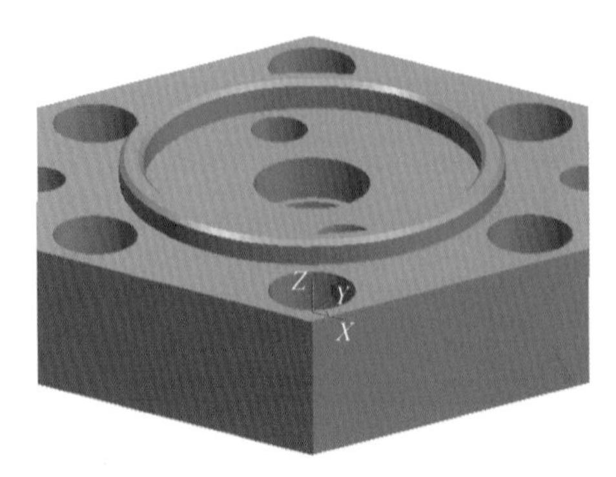

附图 27

4. 风罩

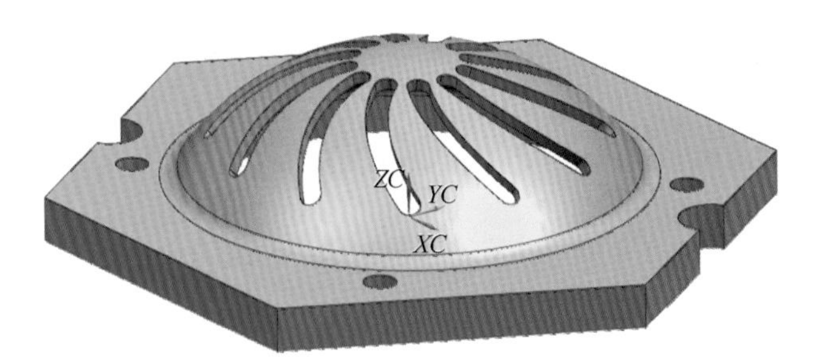

附图 28

5. 风扇轮

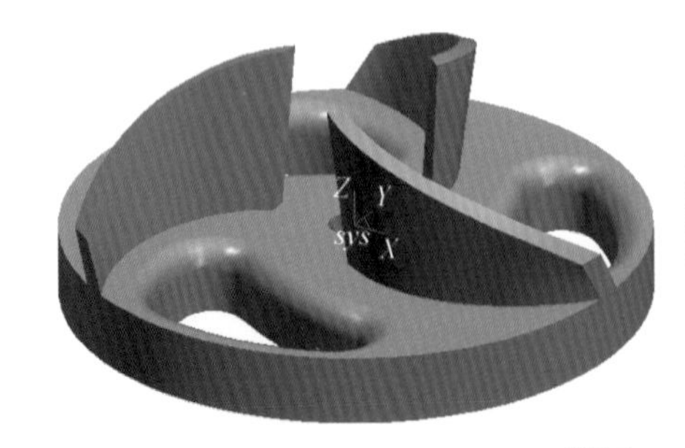

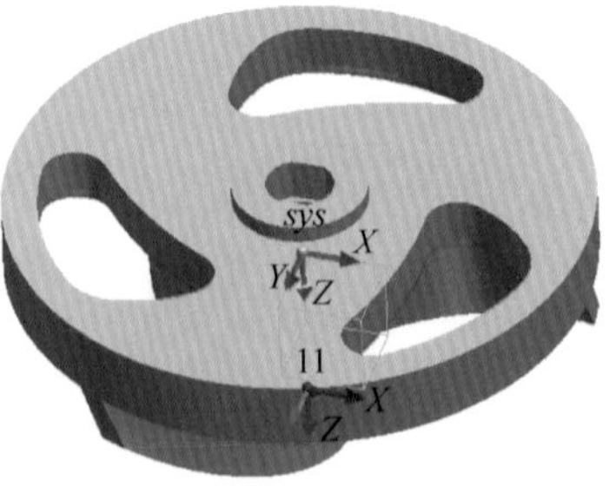

附图 29

6. 转轴

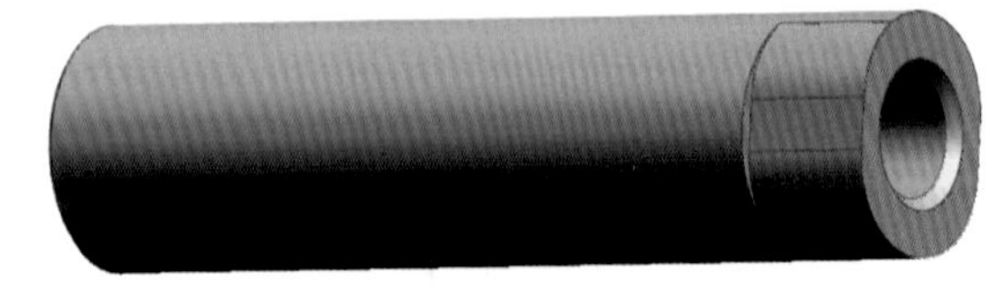

附图 30